财

方 明
编著

商

：

你的财商决定你的富裕程度

成都地图出版社

图书在版编目（CIP）数据

财商：你的财商决定你的富裕程度 / 方明编著. -- 成都：
成都地图出版社有限公司，2019.12（2021.3 重印）
　　ISBN 978-7-5557-1324-1

Ⅰ．①财… Ⅱ．①方… Ⅲ．①财务管理 - 通俗读物
Ⅳ．①TS976.15-49

中国版本图书馆 CIP 数据核字（2019）第 274504 号

财商：你的财商决定你的富裕程度

CAISHANG NIDE CAISHANG JUEDING NIDE FUYU CHENGDU

编　　著：方　明
责任编辑：游世龙
封面设计：松　雪
出版发行：成都地图出版社有限公司
地　　址：成都市龙泉驿区建设路 2 号
邮政编码：610100
电　　话：028-84884648　028-84884826（营销部）
传　　真：028-84884820
印　　刷：三河市宏顺兴印刷有限公司
开　　本：880mm×1270mm　1/32
印　　张：5
字　　数：118 千字
版　　次：2019 年 12 月第 1 版
印　　次：2021 年 3 月第 2 次印刷
定　　价：36.00 元
书　　号：ISBN 978-7-5557-1324-1

财商与智商、情商并列为现代社会不可或缺的"三商"。因为人们对于财富的态度以及对富足生活的追求，财商对于人们来说，其重要性将超过智商、情商。

财商 FQ（Financial Quotient）本意是"金融智商"，指个人、集体认识、创造和管理财富的能力。

财商包括两方面的能力：一是创造财富及认识财富倍增规律的能力，二是驾驭财富及应用财富的能力。

财商反映了一个人判断财富的敏锐性，是衡量一个人能否在商业方面取得成功的重要指标，是实现成功人生的关键因素之一。

哈佛大学在强调财商重要性的时候，常常这样教育学生：智商能令你聪明，但不能使你成为富有的人；情商可帮助你寻找财富，赚取人生的第一桶金；只有财商才能为你保存这第一桶金，并且让它增值更多更多。著名商人乔治·克拉森说，财富就像一棵树，是从一粒小小的种子成长起来的。你积蓄的第一个铜板就是你的财富之树的种子；你越早播种，财富之树就会越早成长起来; 你越是以不断的财商精心呵护这棵树, 你就可以越早地在它的树荫下乘凉。

世界上许多穷困的人都是有才华的人。 但在他们的思维中, 从来没有想过如何提高自己的财商。 如果不努力提高财商, 即使学到再多的知识, 依然无法在财富方面取得成功, 更别说实现财富自由。

比尔·盖茨、马云起初也是贫穷的人, 但他们最终成为了万人景仰的富翁。 秘诀就是他们不断提高自己的财商, 时刻像富人一样思考、行动, 通过不懈努力, 创造了自己人生的辉煌。 因此, 你现在要通过提高财商, 改变自己的思维方式, 接受富人的思维习惯, 像富人一样思考、行动, 最终你也可以成为亿万富翁。

正是为了帮助更多人了解财商、实现富裕生活的目的, 本书作者特意编撰了这本《财商 你的财商决定你的富裕程度》一书。 本书通过大量的致富故事、图片和财商理念, 帮助读者了解富人的思维方式、理财模式和赚钱方式, 并体验富人对金钱的独特看法和赚钱方式, 从而提升大家的商机洞察力、综合理财力、捕捉机遇的能力, 以及运用金钱、让钱为自己赚钱的能力。 使大家能够运用正确的财商观念指导自己的投资行为, 架构自己的创富策略体系, 并正确理解财富自由的人生真谛。

期待本书, 能够帮助大家早日实现财富自由, 并与社会共享财富。

2019 年 5 月

03

用创新思维开启财富的大门

04

让赚钱成为一种习惯

05

创业是致富必走之路

06

你的人际资源价值百万

07

成功＝良好的方法＋科学的勤奋

08

让金钱流动起来

PART 01

亿万富翁和你
想的不一样

财商决定你的
富裕程度

在竞争激烈的现代社会，财商已经成为一个人成功必备的能力。 财商的高低在一定程度上决定了一个人是贫穷还是富有。 一个拥有高财商的人，即使他现在是贫穷的，那也只是暂时的，他必将成为富人；相反，一个低财商的人，即使他现在很有钱，他的钱终究会花完，他终将成为穷人。

那么财商到底是什么呢？ 如果说智商是衡量一个人思考问题的能力，情商是衡量一个人控制情感的能力，那么财商就是衡量一个人控制金钱的能力。 财商并不在于你能赚多少钱，而在于你有多少钱，有多少控制这些钱、并使它们为你带来更多的钱的能力，以及你能使这些钱维持多久。 这就是财商的定义。 财商高的人，他们自己并不需要付出多大的努力，钱会为他们努力工作，所以他们可以花很多的时间去干自己喜欢干的事情。

简单地说：财商就是人作为经济人，在现在这个经济社会里的生存能力，是判断一个人挣钱的敏锐性，是会计、投资、市场营销和法律等各方面能力的综合。 美国理财专家罗伯特·T.清崎认为："财商不是你赚了多少钱，而是你有多少钱，钱为你工作的努力程度，以及你的钱能维持几代。"他认为，要想在财务上变得更安全，人们除了具备当雇员和自由职业者的能力之外，还应该同时学会做企业主和投资者。如果一个人能够充当几种不同的角色，他就会感到很安全，即使他们的钱很少。 他们所要做的就是等待机会，运用他们的知识，然后赚到钱。

财商与你挣多少钱没有关系，财商是测算你能留住多少钱，以及让这些钱为你工作多久的指标。 随着年龄的增大，如果你的钱能够不断地给你买回更多的自由、幸福、健康和人生选择的话，那么就意味着你的财商在增加。 财商的高低与智力水平并没有多少必然的联系。

富翁们是靠什么创富的呢？ 靠的是"财商"。

越战期间，好莱坞举行过一次募捐晚会。由于当时反战情绪强烈，募捐晚会以一美元的收获收场，创下好莱坞的一个吉尼斯纪录。不过，晚会上，一个叫卡塞尔的小伙子却一举成名，他是苏富比拍卖行的拍卖师，那一美元就是他用智慧募集到的。

当时，卡塞尔让大家在晚会上选一位最漂亮的姑娘，然后由他来拍卖这位姑娘的一个亲吻，由此，他募到了难得的一美元。当好莱坞把这一美元寄往越南前线时，美国各大报纸都进行了报道。

德国的某一猎头公司发现了这位天才。他们认为，卡塞尔是棵摇钱树，谁能运用他的头脑，必将财源滚滚。于是，猎头公司建议日渐衰微的奥格斯堡啤酒厂重金聘卡塞尔为顾问。1972年，卡塞尔移居德国，受聘于奥格斯堡啤酒厂。他果然不负众望，异想天开地开发了美容啤酒和浴用啤酒，从而使奥格斯堡啤酒厂一夜之间成为全世界销量最大的啤酒厂。1990年，卡塞尔以德国政府顾问的身份主持拆除柏林墙，这一次，他使柏林墙的每一块砖以收藏品的形式进入了世界上200多万个家庭和公司，创造了城墙砖售价的世界之最。

1998年，卡塞尔返回美国。下飞机时，拉斯维加斯正上演一出拳击喜剧，泰森咬掉了霍利菲尔德的半块耳朵。出人预料的是，第二天，欧洲和美国的许多超市出现了"霍氏耳朵"巧克力，其生产厂家正是卡塞尔所属的特尔尼公司。卡塞尔虽因霍利菲尔德的起诉输掉了盈利额的80%，然而，他天才的商业洞察力却给他赢来年薪1000万美元的身价。

新世纪到来的那一天，卡塞尔应休斯敦大学校长曼海姆的邀请，回母校作创业演讲。演讲会上，一位学生向他提问："卡塞尔先生，您能在我单腿站立的时间里，把您创业的精髓告诉我吗？"那位学生正准备抬起一只脚，卡塞尔就答复完毕："生意场上，无论买卖大小，出卖的都是智慧。"

其实，卡塞尔所说的智慧就是财商。
许多亿万富翁在年龄很小的时候就拥有了很高的财商，

比如石油大王洛克菲勒。

约翰·戴维森·洛克菲勒的童年时光就是在一个叫摩拉维亚的小镇上度过的。每当黑夜降临，约翰常常和父亲点起蜡烛，相对而坐，一边煮着咖啡，一边天南地北地聊着，话题总是少不了怎样做生意赚钱。约翰·洛克菲勒从小脑子里就装满了父亲传授给他的生意经。

7岁那年，一个偶然的机会，约翰在树林中玩耍时，发现了一个火鸡窝。于是他眼珠一转，计上心来。他想：火鸡是大家都喜欢吃的肉食品，如果把小火鸡养大后卖出去，一定能赚到不少钱。于是，洛克菲勒此后每天都早早来到树林中，耐心地等到火鸡孵出小火鸡后暂时离开窝巢的间隙，飞快地抱走小火鸡，把它们养在自己的房间里，细心照顾。到了感恩节，小火鸡已经长大了，他便把它们卖给附近的农庄。于是，洛克菲勒的存钱罐里，镍币和银币逐渐减少，变成了一张张绿色钞票。不仅如此，洛克菲勒还想出一个让钱生更多钱的妙计。他把这些钱放给耕作的佃农们，等他们收获之后就可以连本带利地收回。一个年仅7岁的孩子竟能想出卖火鸡赚大钱的主意，不能不令人惊叹！

在和父亲的一次谈话中，父亲问他：

"你的存钱罐大概存了不少钱吧？"

"我贷了50美元给附近的农民。"儿子满脸的得意。

"是吗？50美元？"父亲很是惊讶。因为那个时代，50美元是个不算很小的数目。

"利息是 7.5%，到了明年就能拿到 3.75 元的利息。另外，我在你的马铃薯地里帮你干活，工资每小时 0.37 元，明天我把记账本拿给你看。这样出卖劳动力很不划算。"洛克菲勒滔滔不绝，很在行地说着，毫不理会父亲惊讶的表情。

父亲望着刚刚 12 岁就懂得贷款赚钱的儿子，喜爱之情溢于言表，儿子的精明不在自己之下，将来一定会大有出息的。

由以上的故事中我们可以得出，财商具有以下两种作用：

第一，财商可以为自己带来财富。

学习财商，锻炼自己的财商思维，掌握财商的致富方法，就是为了使自己在创造财富的过程中，少走弯路，少碰钉子，尽快成为富翁。一旦拥有了财商的头脑，想不富都难。

第二，财商可以助自己实现理想。

现在，在市场经济大潮的冲击下，许多人都想圆富翁梦，却又囿于旧思想、旧传统，找不到致富之门。财商理念就犹如开启财富之门的金钥匙，用财商为自己创富，就可以实现自己的理想。

总之，财商可以带来财富，可以实现自己的理想，也就是说，你就是金钱的主人，可以按照自己的意志去支配金钱，这时，幸福感就会布满你全身，这就是财商的魅力。拥有财商，也就可以拥有一种幸福的人生。

◆ 亿万富翁和你想的不一样 ◆

我想出去看看外面的天有多大。

千万不能有这样的想法。前辈都是这么说的。

心有多大，舞台就有多大
如果你连跳出井口的愿望都没有，那你只能一辈子坐井观天了。

像富翁一样富思考
穷人穷口袋，富人富脑袋。用富翁的思维方式思考，你的视野就会无比开阔，就会有无限的可能性。

这个超市一年的收入够我们全家人生活用了。

你是把它当生意做还是当事业做？你有没有想过把它经营成连锁超市？

我打算长大后挣10万美元。

约翰·洛克菲勒

1854年的10万美元，可以买几座小型工厂和500英亩土地。洛克菲勒从小具有高财商，日后成为了美国的石油大亨。

财商决定你的富裕程度
亿万富翁总是具有超前思维、开放思维、创新思维。财商是一个人成功必备的能力。

财商高的人
最"富"的是思考

　　财商高的人为什么能成功？ 思考也是其中一个重要的因素，财商高的人都善于努力思考，思考为他们带来了巨额的财富。

　　思考是大脑的活动，人的一切行为都受它的指导和支配。 成功人士为什么会成功？ 说到底是因为他们具有独特的思考技巧，是思考决定了他们的成功。

　　人类思考是一种理性的劳动。 学而不思，死啃书本，其结果只能是学一是一，学一知一，不能达到举一反三、触类旁通的境界，最后不是故步自封，掉进教条主义的泥坑，就是变成死抠字句、思想僵化的书呆子。

　　所以，在成功人士看来，能够用自己的脑子整合别人的知识也是一种思考的技巧。

　　28 岁时，霍华德还在纽约自己的律师事务所工作。
　　面对众多的大富翁，霍华德不禁对自己清贫的处境感到辛酸。他想，这种日子不能再过下去了。他决定要闯荡一番。有什么办法呢？左思右想，他想到了借贷。

这天一大早，霍华德来到律师事务所，处理完几件法律事务后，他关上大门到街对面的一家银行去。找到这家银行的借贷部经理之后，霍华德声称要借一笔钱修缮律师事务所。在美国，律师是惹不得的，他们人头熟、关系广，有很高的地位。因此，当他走出银行大门的时候，他的手中已握着1万美元。完成这一切，他前后总共用了不到1个小时。

之后，霍华德又走了两家银行，重复了刚才的手法。霍华德将这几笔钱又存进一家银行，存款利息与它们的借款利息大体上也差不了多少。只几个月后，霍华德就把存款取了出来，还了债。

这样一出一进，霍华德便在上述几家银行建立了初步信誉。此后，霍华德便在更多的银行进行这种短期借贷和提前还债的交易，而且数额越来越大。不到一年，霍华德的银行信用已十分可靠了，凭着他的一纸签条，就能一次借出20万美元。

信誉就这样出来了。有了可靠的信誉，还愁什么呢？不久，霍华德又借钱了。他用借来的钱买下了费城一家濒临倒闭的公司。10年之后，成了大老板，拥有资产1.5亿美元。

一个人所有的观念、计划、目的及欲望，都起源于思想。思想是所有能量的主宰，是财富的源泉。人类追求世界上的财富，却浑然不觉财富的源泉早就存在自己的心中，在自己的控制之下，等待发掘和运用。

    保罗·盖蒂年轻的时候买下了一块他认为相当不错的地皮，根据他的经验和判断，这块地皮下面会有相当丰富的石油。他请来一位地质学家对这块地进行考察，专家考察后却说："这块地不会产出一滴石油，还是卖掉为好。"盖蒂听信了地质专家的话，将地卖掉了。然而没过多久，那块地上却开出了高产量的油井，原来盖蒂卖掉的是一块石油高产区。

    保罗·盖蒂的第二次失误是在1931年。由于受到大萧条的影响，经济很不景气，股市狂跌。但盖蒂认为美国的经济基础是好的，随着经济的恢复，股票价格一定会大幅上升。于是他买下了墨西哥石油公司价值数百万美元的股票。随后的几天，股市继续下跌，盖蒂认为股市已跌至极限，用不了多久便会出现反弹。然而他的同事们却竭力劝说盖蒂将手里的股票抛出，这些对大萧条极度恐惧的人们的好心劝说终于使盖蒂动摇了，最终他将股票全数抛出。可是后来的事实证明，盖蒂先前的判断是正确的，这家石油公司在后来的几年中一直是财源滚滚。

    保罗·盖蒂最大的一次失误是在1932年。他认识到中东原油具有巨大的潜力，于是派出代表前往伊拉克首都巴格达进行谈判，以取得在伊拉克的石油开采权。和伊拉克政府谈判的结果是他们获取了一块很有前景的地皮的开采权，价格只有 10 万美元。然而正在此时，世界市场上的原油价格出现了波动，人们对石油业的前景产生了怀疑，普遍的观点是：这个时候在中东投资是不明智的。盖蒂再一次推翻了自己的判断，令手下中止在伊拉克的谈判。1949 年盖蒂再次进军中东时，情况和先前已经大不相同，他花了 1000 万美元才取得了一块地皮的开采权。

保罗·盖蒂的 3 次失误，使他白白损失了一笔又一笔的财富。他总结说："一个成功的商人应该坚信自己的判断，不要迷信权威，也不要见风使舵。在大事上如果听信别人的意见，一定会失败。"

在以后的岁月中，保罗·盖蒂坚持"一意孤行"，屡战屡胜，最终成为全美的首富。

在思想的竞争中，贫富机会是完全均等的。发掘能赚钱的创新意念，这是大多数人创造财富的一条通路。每个人的心里都包含着潜在的巨大能量。它比阿拉丁神灯的所有神灵更为强大，那些神灵都是虚构的，而你酣睡的巨人却真实而可触摸。创意思考的目的，就是要唤醒你内心酣睡的巨人。

"你的头脑就是你最有用的资产。"成功者从不墨守成规，而是积极思考，千方百计来对方法和措施予以创造性的改进。学会思考吧，每一天 1440 分钟，哪怕你用 1% 的时间来思考、研究、规划，也一定会有意想不到的结果出现。

像富翁一样
富思考

犹太经典《塔木德》中有这样一句话："要想变得富有，你就必须向富人学习。在富人堆里即使站上一会儿，也会闻到富人的气息。"穷之所以穷，富之所以富，不在于文凭的高低，也不在于现有职位的卑微或显赫，很关键的一点就在于你是恪守穷思维还是富思维。

思维是一切竞争的核心，因为它不仅会催生出创意，指导实施，更会在根本上决定成功。它意味着改变外界事物的原动力，如果你希望改变自己的状况，获得进步，那么首先要做的是：改变自己的思维。

穷人的穷，不仅仅是因为他们没有钱，而在于他们根本就缺乏一个赚钱的头脑。富人的富有，也不仅仅因为他们手里拥有大量的现金，而是他们拥有一个赚钱的头脑。

人的一生之中，大部分成就都会受制于各种各样的问题，因此，在解决这些问题的时候，你首先要改变思维，像一个富人那样去思考，问题才能够得到解决，事业才能够得到发展。

　　约翰的母亲不幸辞世，给他和哥哥约瑟留下的是一个可怜的杂货店。微薄的资金，简陋的小店，靠着出售一些罐头和汽水之类的食品，一年节俭经营下来，收入微乎其微。

　　他们不甘心这种穷困的状况，一直探索发财的机会，有一天约瑟问弟弟：

　　"为什么同样的商店，有的人赚钱，有的人赔钱呢?"

　　弟弟回答说："我觉得是经营有问题，如果经营得好，小本生意也可以赚钱的。"

　　可是经营的诀窍在哪里呢?

　　于是他们决定到处看看。有一天他们来到一家便利商店，奇怪的是，这家店铺顾客盈门，生意非常好。

　　这引起了兄弟二人的注意，他们走到商店的旁边，看到门外有一张醒目的红色告示写道：

　　"凡来本店购物的顾客，请把发票保存起来，年终可凭发票，免费换领发票金额5%的商品。"

　　他们把这份告示看了几遍后，终于明白这家店铺生意兴隆的原因了：原来顾客就是贪图那年终5%的免费购物。他们一下子兴奋了起来。

　　他们回到自己的店铺，立即贴上了醒目的告示："本店从即日起，全部商品降价5%，并保证我们的商品是全市最低价，如有卖贵的，可到本店找回差价，并有奖励。"

就这样，他们的商店出现了购物狂潮，他们乘胜追击，在这座城市连开了十几家门市，占据了几条主要的街道。从此，凭借这"偷"来的经营秘诀，他们兄弟的店迅速扩充，财富也迅速增长，成为远近闻名的富豪。

一个人成功与否掌握在自己手中。思维既可以作为武器，摧毁自己，也能作为利器，开创一片属于自己的未来。如果你改变了自己的思维方式，像亿万富翁一样思考，你的视野就会无比开阔，最终成为一名富人。

从心理上成为
一名富有的人

"心有多大，舞台就有多大。"要想成为一名富人，首先必须从心理上成为一名富人。 只有从心理上成为一名富人，才能摆脱心理的贫穷。

　　井底有一只刚出生不久的青蛙，对生活充满了好奇。

　　小青蛙问："妈妈，我们头顶上蓝蓝的、白白的，是什么东西？"

　　妈妈回答说："是天空，是白云，孩子。"

　　小青蛙说："白云大吗？天空高吗？"

　　妈妈说："前辈们都说云有井口那么大，天比井口要高很多。"

　　小青蛙说："妈妈，我想出去看看，到底它们有多大多高？"

　　妈妈说："孩子，你千万不能有这种念头。"

　　小青蛙说："为什么？"

妈妈说："前辈们都说跳不出去的。就凭我们这点本事，世世代代都只能在井里待着。"

小青蛙有些不甘心地说："可是前辈们没有试过吗？"

妈妈说："别说傻话了。前辈们那么有经验，而且，一代又一代，怎么可能会有错？"

小青蛙低着头说："知道了。"

自此以后，小青蛙不再有跳出井口的想法。

小青蛙的悲剧就在于它"不再有跳出井口的想法"了。只有你的心中存有广阔的蓝天，你才能跳出贫穷的井，成为一名富人，如果连跳出井口的愿望都没有了，那么，此后就只能坐在井底了。

洛克菲勒小的时候，全家过着不安定的日子，一次又一次地被迫搬迁，历尽艰辛横跨纽约州的南部。可他们却有一种步步上升的良好感觉，镇子一个比一个大，一个比一个繁华，也一个比一个更给人以希望。

1854 年，15 岁的洛克菲勒来到克利夫兰的中心中学读书，这是克利夫兰最好的一所中学。据他的同学后来回忆说："他是个用功的学生，严肃认真、沉默寡言，从来不大声说话，也不喜欢打打闹闹。"

不管有多孤僻，洛克菲勒一直有他自己的朋友圈子。他有个好朋友，名叫马克·汉纳，后来成为铁路、矿业和银行三方面的大实业家，当上美国参议员，并作为竞选总统的后台老板，在政界为洛克菲勒行将解散的美孚石油托拉斯进行斡旋。

洛克菲勒和马克·汉纳，两个后来影响了美国历史的大人物，在全班几十个同学中能结为知己，不能说出于偶然。美国历史学家们承认，他们两人的天赋都与众不同，一定是受了对方的吸引，才走到一起的。

表面木讷的洛克菲勒，其内心的精明远远超过了他的同龄人。汉纳是个饶舌的小家伙，通常是他说个不停，而洛克菲勒则是他忠实的听众。应当承认，汉纳口才不错，关于赚钱的许多想法也和洛克菲勒不谋而合，只是汉纳善于表达，而洛克菲勒习惯沉默罢了。有一次，马克·汉纳问他："约翰，你打算今后挣多少钱？"

"10万美元。"洛克菲勒不假思索地说。

汉纳吓了一跳，因为他的目标只是5万美元，而洛克菲勒整整是他的两倍。

当时的美国，1万美元已够得上富人的称号，可以买下几座小型工厂和500英亩以上的土地。而在克利夫兰，拥有5万元资产的富豪屈指可数。约翰·洛克菲勒开口就是10万元，瞧他轻描淡写的模样仿佛10万美元只是一个小小的开端。

当时同学们都嘲笑这个开口就是10万美元的家伙的狂妄，殊不知，不久的将来，洛克菲勒真的做到了，而且不是10万，是亿万！

在小小的洛克菲勒的心目中，他就将自己的财富定位在很高的位置上。最终，他也获得了比别人高亿万倍的成就。

在现实社会中，不论是穷人或富人，谁都可以开一间十几平方米的小铺子，但只有真正的富人，才能依靠自己的聪明和智慧，把小铺子变成世人皆知的大企业，才能使他的企业影响世界上的每一个人。

　　作为一个想成为真正的富人的人，我们不仅仅需要关注富人的口袋，更应该关注他的脑袋，特别是富人口袋还没有鼓起来时的脑袋，看看他都往自己的脑袋里装了些什么东西。

　　穷人和富人，首先是脑袋的距离，然后才是口袋的距离。

　　因此，必须弥补脑袋的距离，从心理上成为一名富人，穷人才能够致富。

　　YAHOO 的创始人杨致远曾经说过："当时没有人认为 YAHOO 会成功，更没有人认为会赚钱，他们总是说，你们为什么要搞那个东西。实际上，一件事情理论上已经行得通了，实际上它也不一定能成功，而如果你认为这件事就算很难成功，你也一定还要做的时候，你差不多就成功了。"是的，如果这是你真正想做的事情，那你就要去做，即使认为很难成功也要去做，这样做并不需要太多的理由，只是因为你愿意。

　　克服一切贫穷的思想、疑惧的思想，从你的心扉中，撕下一切不愉快的、暗淡的图画，挂上光明的、愉快的图画。

　　用坚毅的决心同贫穷抗争。你应当在不妨碍、不剥削别人的前提下，去取得你的那一份儿。你是应该得到"富裕"的，那是你的天赋权利！

PART

02

机遇只青睐
有准备的人

机遇是产生
金钱的"酶"

机遇是产生金钱的重要因素，任何人都会遇到，只不过有的人多一些，有的人少一些，有的人不断获取，有的人却逐渐失去。"机不可失，失不再来"。当你懂得打开机遇大门时，你就找到了致富的"酶"。

丹皮尔从哈佛大学毕业后，进入一家企业做财务工作，尽管赚钱很多，但丹皮尔很少有成就感，经常被沮丧的情绪笼罩着。他不喜欢枯燥、单调、乏味的财务工作，他真正的兴趣在于投资，做投资基金的经理人。

丹皮尔为了消除自己的沮丧情绪，就出去旅行。在飞机上，丹皮尔与邻座的一位先生攀谈起来，由于邻座的先生手中正拿着一本有关投资基金方面的书，双方很自然地就转入了有关投资的话题。丹皮尔特别开心，总算可以痛快地谈论自己感兴趣的投资，因此就把自己的观念，以及现在的职业与理想都告诉了这位先生。这位先生静静地听着丹皮尔滔滔不绝的谈话，时间过得很快，飞机很快到达了目的地。临分手的时候，这位先生给了丹皮尔一张名片，并告诉丹皮尔，他欢迎丹皮尔随时给他打电话。这位先生从外表来看，是一名普通的中年人，因此丹皮尔没有在意，就继续自己的旅程。回到家里，丹皮尔整理物品的时候，发现了那张名片，仔细一看，丹皮尔大吃一惊，飞机上邻座的先生居然是著名的投资基金管理人！自己居然与著名的投资基金管理人谈了两个小时的话，并留下了良好的印象。丹皮尔毫不犹豫，马上提上行李，飞到纽约。一年之后，丹皮尔成为一名投资基金的新秀。

如果没有在飞机上的这次机遇，丹皮尔也许还要在那家企业的财务岗位上继续待下去。机遇为丹皮尔带来了财运。

机遇往往在瞬间就决定了人生和事业的命运，抓住了机遇，就彻底地改变了自己的命运、前途。机遇，是瞬间的命运。

"你们都付出了同样的努力，但是有人成功了，有人却失败了，原因何在呢？在商业活动中，时机的把握甚至完全可以决定你是否有所建树，抓住每一个致富的机遇，哪怕那种机遇只有1%实现的可能性，只要你抓住了它，就意味着你的事业已经成功了一半。"

卡耐基的话明确道出了有人失败，有人成功的原因。机遇，是一个多么重要的东西，它对于每一个人都是平等的，关键就在于你能不能够牢牢地将它握在手中，成为你财缘的指南针。

每个成功者的背后都有许多条交错往复的道路，而机遇就像是在每条道口旁的路标，指引着善于把握时机者踏入成功之途，而抛弃无所用心者于迷茫之中。

有人说："机遇是上帝的别名。"那么，机遇究竟是什么呢？其实机遇是一种有利的环境因素，让有限的资源发挥无穷的作用，借此更有效地创造利益。具体地说，机遇就是指在特定的时空下，各方面因素配合恰当，产生有利的条件。谁能最先利用这些有利条件，运用手上的人力、物力，从事投资，谁就能更快、更容易地获得更大的成功，赚取更多的财富。

机遇之所以成为社会主体成功与发展的因素，有一种理论是这样解释的：任何系统的演化一方面取决于系统内部运动，同时必然受到环境的影响和制约，系统能不能达到目的，是系统与环境相互作用的结果。同样或类似系统在不同环境中会形成截然不同的演化方向。有的达到目的，有的没有达到目的，一个特别有利于达到目的的环境对于该系统来说，就是系统优化的一个机遇。

要善于发现和抓住机遇。所谓"谋事在人，成事在天"，说的是事业成功取决于两方面的因素，一是主观努力，二是客观机遇。因此，一个成功企业家必须具备的重要素质就是"是否善于发现和抓住机遇"。机遇是产生金钱的"酶"，只要你能抓住那稍纵即逝的机遇，你就相当于抓住了金钱。

◆ 机遇只青睐有准备的人 ◆

哪怕机遇只有1%实现的可能性，只要你抓住了他，就意味着你的事业已经成功了一半。

戴尔·卡耐基

机遇是上帝的别名
往往在瞬间就决定了一个人的人生和命运。抓住了机遇，就意味着走向了成功的正途。

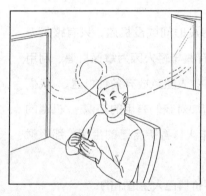

一旦命运之神从大门进来，你没有做好准备迎接她，她就会转身从窗子飞出去。

机遇只会降临到有准备的人身上
你脚下的岗位就是你的机遇。在30岁之前为人生做好准备，在机遇来临时，你就能够抓住她。

我需要购进大量物资，你能贷给我多少就尽量多的贷给我吧，利息可以高一些。

约翰·洛克菲勒

亿万富翁善于做机遇的CEO
一个真正大富翁，不仅善于抓住机遇，而且善于创造机遇。

机遇只会降临到
有准备的人身上

认真工作的人绝不会抱怨没时间或没机遇，只有整天无所事事的人才会怨天尤人。有些年轻人因为掌握机遇、利用机遇，所以一生受益；但也有些人随意放弃各种机遇。我们每天所遇见的人、遭遇都会增加对我们有用的知识。机遇的存在源于努力，如果一个人能认真看待自己的生活，那么财富机遇就会顺势而来。

有一位亿万富翁是这样评价自己人生道路的：

在20岁前，事业的成果100％要靠自己的双手，靠自己的勤劳获得。

20～30岁，事业有些小基础，那10年的成功，10％靠运气好，90％仍是要靠自己的勤劳获得。

一个人在他30岁之前，选择什么，做些什么，几乎决定着他一生的成败。所以，30岁之前，是一个人一生的基础，也是决定他是一个穷人还是一个富人的关键阶段。

真正成为富人的人都知道这样一个道理，那就是机遇只会降临到有准备的人身上，如果你时刻都梦想着机遇来临，不做任何小事，只在为成就大事而准备，那么即使机遇来临了，你也抓不住。只有不放过任何小事，认真地做好准备工作，机遇才能被抓住，被利用。

阿穆尔肥料工厂的厂长约翰逊之所以由一个速记员而爬升上来，便是因为他能做非他分内应做的工作。他最初是在一个懒惰的秘书底下做事，那秘书总是把事推到手下职员的身上。他觉得约翰逊是一个可以任意支使的人，某次便叫他编一本阿穆尔先生前往欧洲时用的密码电报书。那个秘书的懒惰，使约翰逊有了做事的机会。

约翰逊不像一般人编电报一样，随意简单地编几张纸，而是编成一本小小的书，用打字机很清楚地打出来，然后好好地用胶装订着。做好之后，那秘书便交给阿穆尔先生。

"这大概不是你做的。"阿穆尔先生问。

"不……是……"那秘书战栗地回答。

"你叫他到我这里来。"

约翰逊到办公室来了，阿穆尔说："小伙子，你怎么把我的电报密码做成这样子的呢？"

"我想这样你用起来方便些。"

过了几天之后，约翰逊便坐在前面办公室的一张写字台前；再过些时候，他便代替以前那个上司的职位了。

正是因为时刻认真地为工作而准备，才使约翰逊获得了这样的机会。

也许在 100 万个机遇中，只有少数几个能够与我们不期而遇；但只要我们肯行动，就算机遇再少也能创造极佳的成果。

缺少机遇常是软弱与迟疑者常用的借口。 每个人的生命中都充满了机遇：学校中的每一堂课都是一次机遇，每次考试都是生命中的一次机遇，每次患病都是一次机遇，媒体上的每篇文章都是一个机遇，每个客户都是一个机遇，每次交谈都是一个机遇，每笔生意往来都是一个机遇——我们有机会变得有教养，有机会变得有担当，有机会变得诚实无欺，有机会结交朋友。 每次自信的表现都是机遇到来的最好时机。每次以我们的力量和信誉所承担的责任都是无价的。

"每个人的一生，至少都有一次受到幸运之神垂青的机遇。"一位天主教的主教说，"一旦幸运之神从大门进来后，发现没人迎接，她就会转身从窗子离去。"

每一天都在做准备，每一天做的事情都是在为将来做准备，当一个人做了充分准备，机会来临时就是他的，如果他没有做好准备，不管任何机会都不是他的。

做好了准备，机会来了，就可以伸手抓住。 如果没有准备，再好的机会也没有用，因为你无法把握它。 牢记未雨绸缪才是良策。

从现在开始，为三十岁做好准备。 你可以读书获取学识，可以工作积累经验，可以经商积累创始资金，可以做任何你喜欢的事情，为机遇的到来做好准备。

亿万富翁善于
做机遇的 CEO

"设计机遇，就是设计人生。所以在等待机遇的时候，要知道如何策划机遇。这就是我，不靠天赐的机遇活着，但我靠策划机遇发达。"这是美国石油大亨约翰·D.洛克菲勒的一句话。

1861年美国南北战争爆发了。

随着战争形势的迅猛发展，为了保证军需用品的供应，华盛顿联邦政府把重点放到大量东西横向的铁路修建上。不久，大铁路网修建告成，投入使用，它连接了大西洋沿岸的东北部城市和大陆中部的密西西比河谷，这使新兴城市克利夫兰的交通枢纽地位更加突出。

洛克菲勒对这种天时地利的好机会是绝对不会放过的。

"战争，战争。"洛克菲勒兴奋地在办公室里来回踱步，和他往常沉静的模样判若两人。

"战争怎么样呢？莫非你想去打仗？"克拉克不解地问。

"打仗？除非我疯了。"洛克菲勒顿了顿，又说，"咱们要抓紧时机。"

"对，抓紧时机大干一场。连续两年的霜害使许多个州的农作物遭到灾难性的打击，现在战争又开始了，你知道这一切将意味着什么？将意味着食品和日用品的大量短缺，意味着大规模的饥荒。"

洛克菲勒滔滔不绝地说着，这是他第一次像个演说家。金钱在任何时候都是超级兴奋剂，眼下更是如此。

但是他们公司的所有积蓄加到一块儿，也不够买下洛克菲勒想要吃进的那么多货物。然而时间即金钱，战火已在蔓延，物质短缺的现象已经发生。现在，向银行贷款对洛克菲勒来说已经不是难题了，这次他不是贷2000元而是贷2万元。

然而银行一眼看透了洛克菲勒想借战争发财的念头，尽管洛克菲勒有足够的信誉，仍然只给他2000元。

洛克菲勒还想说什么，但银行的汉迪先生挥挥手，让他出去。

2000元就2000元吧，洛克菲勒向汉迪先生鞠了一躬。

他的心思已经全部集中到这一场赌博一般的生意是否能赚钱，银行的贷款是否有能力偿还。

洛克菲勒通过对战争形势的时刻分析，使投机生意做得越来越红火，从中赚取的利润成倍增长，那些从中西部和遥远的加利福尼亚购进的食品甚至连华盛顿联邦政府的需求都不能满足，另外从密歇根套购的盐也因为供求数量的悬殊而大赚特赚。

把握机遇的并非命运之神，而恰恰是我们自己，正如伊壁鸠鲁所说："我们拥有决定事物的主要力量。因此，命运是有可能由自己来掌握的，愿你们人人都成为自己幸运的建筑师。"

有些人，由于平时没有养成利用机遇、挑战机遇的意识，当机遇忽然来临时，反而心生犹豫，不知该不该接受。于是，在患得患失之际，机遇擦肩而过，悔之晚矣。因此，在平时就应养成利用机遇、挑战机遇的意识。比如，若有在众人面前表现或发表意见的机遇，就应尽量利用，一方面克服心理障碍，一方面训练自己的胆识。

一个不善利用机遇的人，就好像茫茫大海中一只没有航向的小船一样，一旦没有了顺风的吹动，它将永远盲目地在海上独行，如果遇到了暗礁，会立刻撞得粉身碎骨。

拉菲尔·杜德拉，委内瑞拉人，他是石油业及航运界知名的大企业家。他以善于"创造机会"而著称。他正是凭借这种不断找到好机会进行投资而发迹的。在不到 20 年的时间里，他就建立了投资额达 10 亿美元的事业。

在 20 世纪 60 年代中期，杜德拉在委内瑞拉的首都拥有一家玻璃制造公司。可是，他并不满足于干这个行当，他学过石油工程，他认为石油业是个赚大钱且更能施展自己才干的行业，他一心想跻身于石油界。

有一天，他从朋友那里得到一则信息，说是阿根廷打算从国际市场上采购价值 2000 万美元的丁烷气。得此信息，他充满了希望，认为跻身于石油界的良机已到，于是立即前往阿根廷活动，想争取到这笔合同。

去后，他才知道早已有英国石油公司和壳牌石油公司两个老牌大企业在频繁活动。无疑，这本来已是十分难以对付的竞争对手，更何况自己对经营石油业并不熟悉，资本又并不雄厚，要成交这笔生意难度很大。然而，他没有就此罢休，而是采取迂回战术。

一天，他从一个朋友处了解到阿根廷的牛肉过剩，急于找门路出口外销。他灵机一动，感到幸运之神到来了，这等于给他提供了同英国石油公司及壳牌公司同等竞争的机会，对此他充满了必胜的信心。

他旋即去找阿根廷政府。当时他虽然还没有掌握丁烷气，但他确信自己能够弄到，他对阿根廷政府说："如果你们向我买 2000 万美元的丁烷气，我便买 2000 万美元的牛肉。"当时，阿根廷政府想赶紧把牛肉推销出去，便把购买丁烷气的投标给了杜德拉，他终于战胜了两个强大的竞争对手。

投标争取到后，他立即加紧筹办丁烷气。他随即飞往西班牙。当时西班牙有一家大船厂，由于缺少订货而濒临倒闭。西班牙政府对这家船厂的命运十分关注，想挽救这家船厂。

这一则消息对杜德拉来说，又是一个可以把握的好机会。他便去找西班牙政府商谈，杜德拉说："假如你们向我买2000万美元的牛肉，我便向你们的船厂订制一艘价值2000万美元的超级油轮。"西班牙政府官员对此求之不得，当即拍板成交，马上通过西班牙驻阿根廷使馆，与阿根廷政府联络，请阿根廷政府将杜德拉所订购的2000万美元牛肉，直接运到西班牙。

杜德拉把2000万美元的牛肉转销出去了之后，继续寻找丁烷气。他到了美国费城，找到太阳石油公司，他对太阳石油公司说："如果你们能出2000万美元租用我这条油轮，我就向你们购买2000万美元的丁烷气。"太阳石油公司接受了杜德拉的建议。经过这一串令人眼花缭乱的商业运作之后杜德拉大获成功，从此，他便打进了石油业，实现了跻身于石油界的愿望。经过苦心经营，他终于成为委内瑞拉石油界巨子。

在19世纪50年代，美国加州一带曾出现过一次淘金热。年轻的犹太人列瓦伊·施特劳斯听说这件事赶去的时候，为时已晚，从沙里淘金的活动已到了尾声。

他随身带了一大卷斜纹布，本想卖给制作帐篷的商人，赚点钱作为创业的资本，谁知到了那里才发现，人们早就不需要帐篷，却需要结实耐穿的裤子，因为人们整天和泥水打交道，裤子坏得特别快。

他脑筋动得快，就把自己带来的斜纹布，全做成耐用耐穿的裤子，于是，世界上第一条牛仔裤诞生了。

后来，列瓦伊·施特劳斯又在裤子的口袋旁装上铜纽扣，以增强裤子口袋的强度。此后，列瓦伊·施特劳斯开始大量生产这种新颖的裤子，销路极好，引得其他服装商竞相模仿，但是列瓦伊·施特劳斯的销售额仍一直独占鳌头，每年大约能售出100多万条这样的裤子，营业额高达5000万美元。

看来，生意场上的确有运气存在，列瓦伊·施特劳斯用斜纹布做裤子的时候，不会想到这种用斜纹布做成的裤子会被人叫作"牛仔裤"，也不会想到这种牛仔裤会引起服装界的革命，更不会想到在此后的70年里大行其道，甚至成为时代的精神象征。

19世纪50年代的淘金热对于犹太人列瓦伊·施特劳斯来说无疑是一次天赐的机遇，但他没有赶上。怎么办？于是他要为自己创造机遇，这才有了今天大行其道的"牛仔裤"，他的例子充分说明了，没有机遇，就要积极创造机遇，这就是财商高的人的特质之一。

当然，创造机遇的财商高的人也有差别，有些人创造的机遇小一些，有些人创造的机遇大一些，机遇的大小也就决定了财商高的人的差距。

苏格拉底有一句名言："最有希望成功的，并不是才华出众的人，而是善于利用每一次机会并全力以赴的人。"

对待机会，有两种态度：一是等待机会，二是创造机会。等待机会又分消极等待和积极等待两种。不过，不管哪种等待，始终是被动的。你应该主动去创造有利条件，让机会更快降临到你身上，这才是创造机会。

创造机会，首先要克服种种障碍。错误的思想、不正确的态度、不良的心理习惯，是创造机会的主观障碍。克服不了主观障碍，就会出现拖自己后腿，被自己打败的情况。

机遇不会落在守株待兔者的头上，只有敢于行动、主动出击的人，才能抓住机会。有一句美国谚语说："通往失败的路上，处处是错失了的机会。坐待幸运从前门进来的人，往往忽略了从后窗进入的机会。"

争取机遇，抓住机遇，就要勇敢地以自己的最佳优势迎接挑战，要力求选择最佳方案，然后付之于行动。必须主动寻觅机遇，要敏锐地"抓住机遇"。机遇只能馈赠给踏破铁鞋、积极寻求的探索者，而不是恩赐给守株待兔、消极等候的人。

寻找机遇，就必须伸长触角，睁大双眼，紧紧盯着各种信息。善于抓住信息，并善于运用信息，就在相当大的程度上抓住了机遇。

机遇中总蕴藏着巨大的财富。要抓住机遇，运作机遇，让机遇裂变，从一个小机遇变成一个巨大机遇。你要善于成为驾驭机遇的那个人。

获得机遇是好事，但是不能把机遇等同于成功，不可把契机当成特权。机遇，只是提供了成功的可能性，要真正获得成功，仍然需要百折不挠的奋斗，从机遇中提取出钱来。

对机遇要有
灵敏的嗅觉

那些亿万富翁都是对机遇有着灵敏嗅觉的人，只要有机遇，他们就会抓住机遇而成功。

有时候，机遇会自己找上门来，就看你能不能发现。

日本大阪的富豪鸿池善右是全国十大财阀之一。然而当初他不过是个东走西串的小商贩。

有一天，鸿池与他的佣人发生摩擦。佣人一气之下将火炉中的灰抛入浊酒桶里（德川幕府末期日本酒都是混浊的，还没有今天市面上所卖的清酒），然后慌张地逃跑。

第二天，鸿池查看酒时，惊讶不已地发现，桶底有一层沉淀物，上面的酒竟异常清澈。尝一口，味道相当不错，真是不可思议！后来他经过不懈的研究，认识到木炭灰有过滤浊酒的作用。

经过十几年的钻研，鸿池制成了清酒，这是他成为大富翁的开端。 而鸿池的佣人永远不知道：是他给了鸿池致富的机会。

　　住在纽约郊外的扎克，是一个碌碌无为的公务员。他唯一的爱好便是滑冰，别无其他。

　　纽约的近郊，冬天到处会结冰。冬天一到，他一有空就到那里滑冰自娱，然而夏天就没有办法去室外冰场滑个痛快。

　　去室内冰场是需要钱的，一个纽约公务员收入有限，不便常去，但待在家里也不是办法，深感日子难过。

　　有一天，他百无聊赖时，一个灵感涌上来："鞋子底面安装轮子，就可以代替冰鞋了。普通的路就可以当作冰场。"

　　几个月之后，他跟人合作开了一家制造 roller－skate 的小工厂。做梦也想不到，产品一上市，立即就成为世界性的商品。没几年工夫，他就赚进 100 多万。

　　在现实生活中，要发现和把握商机，首先要了解商机的表现。 那么，商机表现在哪些方面呢？ 最基本的表现就是人的需要。 哪里有需要，哪里就存在商机。 甚至可以说，人的需要即是商机。

　　在这个过程中需要弄清楚两个问题，第一个问题是人的需要是什么？ 范围有多大？ 第二个问题是如何使人们之间的交换以最快最有效的方式完成。 其实，所有从事商业的人都在努力解决这两个问题。 要解决第一个问题，就得研究什么是人们的真正需要，究竟有多少人有这样的需要，生产什么样的产品来满足人们的需要。比如夏天烈日炎炎，有的月份气温甚至高达 40℃以上，人们迫切需要凉爽，满足人们这种需要的物品有扇子、电扇、凉席；人们也可以去游泳、吃凉食，或者去山间水边避暑。但这些方式都不能从根本上解决问题，而空调的问世，就直接满足了人们的这一需要，几乎所有人都会选择这一方式去解决酷热的问题。这说明空调的市场前景非常广阔，剩下的问题就是如何使有消费能力的人去购买某一种品牌的产品了。第二个问题的关键是人们居住在不同的地方，空间的局限和时间的有限性，使人们的交换不能顺利进行，如何使大多数的人以最有效的方式完成他们的交换是商人们所着力解决的问题。在这两个问题的背后蕴含着许多商机。

因此，许多人在创富时，应当考虑的问题就是以何种产品、何种方式最快最有效地满足人们的需要。那么，究竟人们的需要有多少呢？大致而言，人们的需要有七种，那就是衣、食、住、行、健康、娱乐和工作。著名心理学家马斯洛认为，人们的需要是分层次的，有最低层次的生存需要，比如衣、食、住，还有比较高一点的层次，如社会安全需要，被他人认同的需要和被他人尊重的需要以及实现自我的需要。马斯洛是从人的行为和动机这个角度来考查人们需要层次的。要想发现商机，这就要求创富者从商业的角度去考查人的需要。因为商业的考虑才能把潜在的市场变为现实的市场，才能满足人们的需要。

充分了解了人们的需求之后，你才能够更敏锐地捕捉到各种机遇，并因机遇而成功创富。

只要去发现，
机遇就在你身边

　　我们不要报怨缺少机遇，机遇就在我们身边，我们所缺少的只是发现机遇的眼睛。 许多财富就是从这些被大多数人所忽略掉的部分中获得的，那些别人毫不重视或是完全忽略的生活细节中往往蕴含着巨大的财富和成功的机会。 当你在这些平凡之中找到真正的问题所在，解决了这些问题，创造出价值，那你的价值也在此得到了体现。

　　或许人人都希望自己是天才，希望获得成功，希望在世人瞩目的领域获得非凡的成就，但是许多时候，即使是像飞机这样的科技，像浮力原理这样的理论，也都是从平凡中被发现到的。

　　有一位美国缅因州的男人，因为妻子病残，不得不自己洗衣服。 在此之前，他是一个十足的懒汉，而现在他才发现洗衣服是多么费时费力的活儿，于是他发明了最简单的洗衣机，赚了一大笔钱；一位妇女习惯把头发缠在脑后，让自己看起来更美一些，而她的丈夫通过在一旁的细心观察，发明了发卡并在他的工厂里大量生产，创造了一大笔财富；还有一位新泽西州的理发师，经过仔细观察，发明了专供理发用的剪刀，以致成了大富翁。

美国第20任总统詹姆斯·加菲尔德曾经说过这样的话："当人们发现事物的时候，事物才会出现在这个世界上。"如果没有人发现新事物，发现新问题，那即使它是客观存在的，也不会有人了解。可见，发现对于我们是多么重要。

希尔指出："机遇就在你的脚下，你脚下的岗位就是机遇出现的基地。在这萌发机遇的土壤里，每一个青年都有成才的机会。当然，机遇之路即使有千万条，但在你脚下的岗位却是必由之路、最佳之路。"机遇并非天上之月，高不可攀，机遇其实存在于平凡之中，把远大的理想同脚踏实地的工作联系起来，在平凡的工作中埋头苦干，坚持不懈，总会找到成功的机遇的。

日常的生活，充满着睿智哲学；普通的现象，包含着科学规律；平凡的工作，孕育着崇高伟大；简单的问题，反映着深刻道理。不要忽略我们身边那些平凡的东西，他们就像是沙滩中的金粒，只要我们善于发现，善于提炼，便会凝结成一座巨大的"金山"。

瓦特从水壶盖的振动中发现了蒸汽的力量，改良了蒸汽机，给人类带来一场深刻的工业革命；牛顿从树上掉下来的苹果中受到启发，发现万有引力，为经典力学做出巨大的贡献；莱特兄弟在摆弄橡皮筋飞行器和鸟类羽翼时发现了飞行的基本原理，并在此基础上建造了最早的飞机，推动了人类在蓝天中自由翱翔的梦想的实现……

在我们周围，已经有成千上万的人依靠从平凡中发现的问题，寻找到解决的方法，为人们的生活和社会的进步提供了便利，同时也挖掘到了自己巨大的财富。

所以不要对身边的事情视若无睹，立足于眼前，以你睿智的眼光主动去寻找，机遇就在你的身边。

冬日的午后，一个渔夫靠在海滩上的一块大石头上，懒洋洋地晒着太阳。

这时，从远处走来一个怪物。

"渔夫！你在做什么？"怪物问。

"我在这儿等待时机。"渔夫回答。

"等待时机？哈哈！时机是什么样子，你知道吗？"怪物问。

"不知道。不过，听说时机是个很神奇的东西，它只要来到你身边，你就会走运。或者当上了官，或者发了财，或者娶个漂亮老婆，或者……反正，美极了。"

"嗨！你连时机是什么样都不知道，还等什么时机？还是跟着我走吧，让我带着你去做几件于你有益的事吧！"怪物说着就要来拉渔夫。

"去去去！少来添乱！我才不跟你走呢！"渔夫不耐烦地说。

怪物叹息着离去。

一会儿，一位哲学家来到渔夫面前问道："你抓住它了吗？"

"抓住它？它不是一个怪物吗？"渔夫问。

"它就是时机呀！"

"天哪！我把它放走了！"渔夫后悔不迭，急忙站起身呼喊时机，希望它能返回来。

"别喊了，"哲学家说，"我告诉你关于时机的秘密吧。它是一个不可捉摸的家伙。你专心等它时，它可能迟迟不来，你不留心时，它可能就来到你面前；见不着它时，你时时想它，见着它时，你又认不出它；如果当它从你面前走过时你抓不住它，它将永不回头，使你永远错过了它。"

愚蠢者等待机遇，聪明者创造机遇。这则故事告诉我们，"守株待兔"是永远等不到机遇的垂青，有的只是与机遇一次次擦肩而过。

戴尔·卡耐基说："能把在面前行走的机会抓住的人，十次有九次都会成功；但是为自己制造机会、阻绝意外的人，却稳保成功。"

奥格·曼迪诺说："想成功，必须自己创造机会。等待把我们送往彼岸的海浪，海浪永远不会来。愚蠢的人，坐在路边，等着有人来邀请他分享成功。"

美国新闻记者罗伯特·怀尔特说："任何人都能在商店里看时装，在博物馆里看历史。但具有创造性的开拓者在五金店里看历史，在飞机场里看时装。"同样一个危机，在别人眼中是灾难，但在开拓者的眼中，则是机遇。他不是在家坐以待毙，而是积极采取行动，在经济危机之中为自己创造一个天大的商机。所以，不要坐待机遇来临，而应主动出击。

PART 03

用创新思维开启
财富的大门

摆脱思维定式，
为生命的每一天制造惊喜

改变别人或许是困难的，我们不妨从改变自己开始，为生命的每一天制造更多的惊喜。

在创新思维活动的过程中，打破常规思维的惯性，是大脑思维必不可少的一项环节。有时，只要对问题改变一下设想，调整一下进入角度，解决问题的思路就会不期而至。

思维定式即常规思维的惯性，它是一种人人皆有的思维状态。当它在支配常态生活时，还似乎有某种"习惯成自然"的便利，所以它对于人的思维也有好的一面。但是，当面对创新的事物时，如若仍受其约束，就会形成对创造力的障碍。

老观念不一定对，新想法不一定错，只要突破思维定式，你也会获得成功。

当你陷于惯性思维中时，除不质疑让自己改变的能力外，你必须质疑一切。解决惯性思维问题的方案有 3 个步骤，即发现、确信、改正。

1. 发现惯性思维

你可能会在很晚的时候才发现你在进行惯性思维。当你在进行自己的创作时，也许你每天都念叨着自己的小说，每天都写作，一年后，你却发现有 400 页不知所云。你必须养成习惯，经常回顾自己所做的努力，看看自己已经做了什么，以及你将要做什么，并以此来确定你仍然在沿着正确的方向前进，而不是误入歧途。

2. 承认在进行惯性思维

这一条做起来就比说出来难得多了。这需要承认你已经犯下了一个错误，但人们经常不愿意这样做。想一想你最近一次对某个问题思考得殚精竭虑的状况吧。你是否回头看并承认了这个事实？你是否停了下来，等待情况改天出现好转？或者你是不是在不好的创意产生后，另外想出一个好的办法，试图让时间和单纯的努力得到回报？这种事情很难做到，并且具有讽刺性：你越是规矩死板，那么你想阻止自己的损失、停止愚蠢做法的可能性就越小，结果你所做的一切，不过是让你在思维的牛角尖里钻入得更深而已。

3. 从惯性思维中走出来

一位美国学者说，一个普通的读完大学的学生，将经受 2600 次测试、测验和考试，于是寻求"标准答案"的想法在他的思想中变得根深蒂固。对某些数学问题而言，这或许是好的，因为那儿确实只有一个正确的答案。困难在于，生活中的大部分问题不是这样的。生活是模棱两可的，有很多正确的答案。 如果你认为只有一个正确答案，那么当你找到一个时，你就会停止寻找。 如果一个人在学校里一直受这种"唯一标准答案"的教育，那么长大毕业后进入工作单位时，当别人告诉他说"请你发明一种新的产品"，或者"请你开拓新的市场"，他将如何应付呢？ 这突然而来的"发挥创造力，搞创造性的东西"，在学校里根本没有人教过，他怎么会知道呢？ 当然就只能束手无策、面红耳赤地说不出话来了。

富有创造力的人必然懂得，要变得更有创造力，一开始就得发现众多可能性。 每一种可能性都有成功的希望。 有些习惯和行为有助于创造力发挥作用，有些则会严重破坏创造力。 寻找唯一的答案就会遇到阻力，而寻找多种可能性则会推动创造力的行动。

◆ 用创新思维开启财富的大门 ◆

美国经济危机来了。把家里的钱都拿来，我要收购这些便宜物资。

这可都是养家的钱啊，会不会太冒险了？

百货大王甘布士

甘布士赚了一大笔钱，开了八家百货商店和三个工厂，成为美国的百货大王。

机遇是在非常时期创造出来的
一个真正大富翁，不仅善于抓住机遇，而且善于创造机遇。

豆子卖不动，可以做成豆瓣；再卖不动，可以做成酱油，……

换一种思路，就多了一种出路
一条路走到黑只会碰得头破血流。学会变通，遇到任何问题都要找到解决问题的途径。

科技公司中会产生下一个腾讯，提前研究并买入它的股票。

思想超前才能预见未来
学会洞悉隐匿未现的机遇，对未来早做谋划。

不断创新，
成功终会降临

创新并不是什么高深的学问，它确有方法可循，简单地改变往往就能收获到巨大的成功。

一个没有创新能力的人是可悲的人，一个没有创新意识的人是缺少希望的人。 一个人若想改变当前的境遇，必须不断创新。 只有锐意创新，成功才会降临到你头上。

日本有一家高脑力公司。公司上层发现员工一个个萎靡不振，面色憔悴。经咨询多方专家后，他们采纳了一个最简单而别致的治疗方法——在公司后院中用圆滑光润的 800 个小石子铺成一条石子小道。每天上午和下午分别抽出 15 分钟时间，让员工脱掉鞋在石子小道上随意行走散步。起初，员工们觉得很好笑，更有许多人觉得在众人面前赤足很难为情，但时间一久，人们便发现了它的好处，原来这是极具医学原理的物理疗法，起到了一种按摩的作用。

一个年轻人看了这则故事，便开始着手他火红的生意。他请专业人士指点，选取了一种略带弹性的塑胶垫，将其截成长方形，然后带着它回到老家。老家的小河滩上全是光洁漂亮的小石子。在石料厂将这些拣选好的小石子一分为二，一粒粒稀疏有致地粘满胶垫，干透后，他先上去反复试验感觉，反复修改了好几次后，确定了样品，然后就在家乡批量生产。后来，他又把它们分为好几个规格，产品一生产出来，他便尽快将产品鉴定书等手续一应办齐，然后在一周之内就把能代销的商店全部上了货。将产品送进商店只完成了销售工作的一半，另一半则是要把这些产品送进顾客手里。随后的半个月内，他每天都派人去做免费推介员。商店的代销稳定后，他又开拓了一项上门服务：为大型公司在后院中铺设石子小道；为幼儿园、小学在操场边铺设石子乐园；为家庭装铺室内石子过道、石子浴室地板、石子健身阳台等。一块本不起眼的地方，一经装饰便成了一块小小的乐园。

紧接着，他将单一的石子变换为多种多样的材料，如七彩的塑料、珍贵的玉石，以满足不同人士的需要。

800 粒小石子就此铺就了一个人的成功之路。

不要担心自己没有创新能力，慧能和尚说："下下人有上上智。"创新能力与其他能力一样，是可以通过教育、训练而激发出来并在实践中不断得到提高的。它是人类共有的可开发的财富，是取之不尽、用之不竭的"能源"，并非为哪个人、哪个民族、哪个国家所专有。

因此，人人都能创新。

你现在需要做的就是不断激发自己的创新能力，多一些想法，多一些创造。那么成功迟早会来临。

培育创新能力要克服创新障碍，更要懂得方法。该如何培育创新能力呢？下面的 3 个步骤将给你提供帮助。

1.全面深入地探讨创新环境

创新不是在真空中产生，而是来自艰苦的工作、学习和实践。如果你正为一项工作绞尽脑汁，想在这个具体的问题上有所建树，那么，你需要全身心地投入到这项工作中，对其关键的问题和环节做深入的了解，对这项工作进行批判的思考，通过与他人讨论来搜集各种各样的观点，思考你自己在这个领域的经验。总之，要全面深入地探讨创新环境，为创新准备"土壤"。

2.让脑力资源处于最佳状态

在对创新环境有了全面的认识之后，就可以把你的精力投入到手头的工作上来了。要为你的工作专门腾出一些时间，这样你就能不受干扰，专注于你的工作了。当人们专注于创新的这个阶段时，他们一般就完全意识不到发生在他们周围的事，也没有了时间的概念。当你的思维处于这种最理想的状态时，你就会竭尽全力地做好你的工作，挖掘以前尚未开发的脑力资源——一种深入的、"大脑处于最佳工作状态"的创新思路。

3.运用技巧促使新思维产生

创新的思考要求你的大脑松弛下来，在不同的事情之间寻找联系，从而产生不同寻常的可能性。为了把自己调整到创新的状态上来，你必须从你熟悉的思考模式，以及对某事的固定成见中摆脱出来。 为了用新的观点看问题，你必须能打破看问题的习惯方式。 为了避免习惯的束缚，你可以用以下几种技巧来活跃你的思维。

（1）群策攻关法。 群策攻关法是艾利克斯·奥斯伯恩于1963 年提出的一种方法：与他人一起工作从而产生独特的思想，并创造性地解决问题。 在一个典型的群策攻关期间，一般是一组人在一起工作，在一个特定的时间内提出尽可能多的思想。 提出了思想和观点以后，并不对它们进行判断和评价，因为这样做会抑制思想自由地流动，阻碍人们提出建议。批判的评价可推迟到后一个阶段。 应鼓励人们在创造性地思考时，善于借鉴他人的观点，因为创造性的观点往往是多种思想交互作用的结果。 你也可以通过运用你思想无意识的流动，以及你大脑自然的联想力，来迸发出你自己的思想火花。

（2）创造"大脑图"。 "大脑图"是一个具有多种用途的工具，它既可用来提出观点，也可用来表示不同观点之间的多种联系。 你可以这样来开始你的"大脑图"：在一张纸的中间写下你主要的专题，然后记录下所有你能够与这个专题有联系的观点，并用连线把它们连起来。 让你的大脑自由地运转，跟随这种建立联系的活动。 你应该尽可能快地思考，不要担心次序或结构，让其自然地呈现出结构，要反映出你的大脑自然地建立联系和组织信息的方式。 一旦完成了这个过程，你能够很容易地在新的信息和你不断加深理解的基础上，修改其结构或组织。

换一个角度，
就换了一片天地

有一位哲人曾经说过："我们的痛苦不是问题本身带来的，而是我们对这些问题的看法而产生的。"这句话很经典，它引导我们学会解脱，而解脱的最好方式是面对不同的情况，用不同的思路去多角度地分析问题。因为事物都是多面性的，视角不同，所得的结果就不同。

有时候，人只要稍微改变一下思路，人生的前景、工作的效率就会大为改观。

当人们遇到挫折的时候，往往会这样鼓励自己："坚持就是胜利。"有时候，这会让我们陷入一种误区：一意孤行，不撞南墙不回头。因此，当我们的努力迟迟得不到结果的时候，就要学会放弃，要学会改变一下思路。其实细想一下，适时地放弃不也是人生的一种大智慧吗？改变一下方向又有什么难的呢？

一位中国商人在谈到卖豆子时，显示出了一种了不起的激情和智慧。

他说：如果豆子卖得动，直接赚钱好了。如果豆子滞销，分三种办法处理：

第一，将豆干沤成豆瓣，卖豆瓣。

如果豆瓣卖不动，腌了，卖豆豉；如果豆豉还卖不动，加水发酵，改卖酱油。

第二，将豆子做成豆腐，卖豆腐。

如果豆腐不小心做硬了，改卖豆腐干；如果豆腐不小心做稀了，改卖豆腐花；如果实在太稀了，改卖豆浆。如果豆腐卖不动，放几天，改卖臭豆腐；如果还卖不动，让它长毛彻底腐烂后，改卖腐乳。

第三，让豆子发芽，改卖豆芽。

如果豆芽还滞销，再让它长大点，改卖豆苗；如果豆苗还卖不动，再让它长大点，干脆当盆栽卖，命名为"豆蔻年华"，到城市里的各间大中小学门口摆摊和到白领公寓区开产品发布会，记住这次卖的是文化而非食品。如果还卖不动，建议拿到适当的闹市区进行一次行为艺术创作，题目是"豆蔻年华的枯萎"，记住以旁观者身份给各个报社写个报道，如成功可用豆子的代价迅速成为行为艺术家，并完成另一种意义上的资本回收，同时还可以拿点报道稿费。如果行为艺术没人看，报道稿费也拿不到，赶紧找块地，把豆苗种下去，灌溉施肥，3个月后，收成豆子，再拿去卖。

如上所述，循环一次。经过若干次循环，即使没赚到钱，豆子的囤积相信不成问题，那时候，想卖豆子就卖豆子，想做豆腐就做豆腐！

换个思路，换个角度，变通一下，总会有新的方向和市场。 一条路走到黑只会是头破血流，不妨绕道而行，自己的状况也会取得突破。

对于每个人来说，思维定式使头脑忽略了定式之外的事物和观念。 而根据社会学、心理学和脑科学的研究成果来看，思维定式似乎是难以避免的。 不过经实验证明，人类通过科学的训练还是能够从一定程度上削弱思维定式的强度的，那么，这种训练方法是什么呢？ 答案是：尽可能多地增加头脑中的思维视角，拓展思维的空间。

美国创造学家奥斯本是"头脑风暴法"的发明人。 为了促进人们大胆进行创造性想象、提出更多的创造性设想，奥斯本提出著名的思想原则，以激励人们形成"激烈涌现、自由奔放"的创造性风格。

1. 自由畅想原则

指思维不受限制，已有的知识、规则、常识等种种限定都要打破，使思维自由驰骋。 破除常规，使心灵保持自由的状态，对于创造性想象是至关重要的。

例如，从事机械行业的人习惯于用车床切割金属。 在车床上直接切割部件的是车刀，它当然要比被切割的金属坚硬。 那么，切割世界上已知最硬的东西该怎么办呢？ 显然无法制出更硬的车刀，于是，善于进行自由畅想的技师发明了电焊切割技术。

2. 延迟评判原则

指在创造性设想阶段，避免任何打断创造性构思过程的判断和评价。 日本一家企业的管理者在给下属布置任务时指出：只要是有关业务的合理性建议，一律欢迎，不管多么可笑，想说就说出来。 但他强调，绝不允许批评别人的建议。虽然开始大家有些拘谨，但后来气氛越来越活跃。 结果，征集到了100多条合理性建议，企业的发展因此出现了大幅度的飞跃。

3. 数量保障质量原则

指在有限的时间内，提出一定的数量要求，会给设想的人造成心理上的适当压力，往往会减少因为评判、害怕而造成的分心，提出更多的创造性设想。 在实践中，奥斯本发现，创造性设想提的越多，有价值的、独特的创造性设想也越多，创造性设想的数量与创造性设想的质量之间是有联系的。 数量保障质量原则就是利用了这一规律。

4. 综合完善原则

指对于提出的大量的不完善的创造性设想，要进行综合和进一步加工完善的工作，以使创造性设想更加完善和能够实施。

奥斯本的四项原则，虽然是用于小组创造活动的，但是，这四条原则保障创造性设想过程能够顺利进行，因此，对于个人进行创造性思维启发是巨大的。

要解决一切困难是一个美丽的梦想，但任何一个困难都是可以解决的。 一个问题就是一个矛盾的存在，只要在矛盾之中，尝试着拓展思路去看问题，寻找到一个合适的矛盾介点，就可以迎来一个柳暗花明的新局面。

思想超前
就能“无中生有”

正是我们今天的思考和努力，预知和把握着未来的蓝图。一切皆有可能，只要敢于冲破思想的藩篱。

昨天的努力，今天的奋斗，都是为了赢得明天的辉煌。明天是未知的，是不可猜测的，但我们却可以利用超前思维预知和把握未来。纵观无数成功案例，杰出人士就是靠超前思维拨开了现实的层层迷雾，突破了发展道路上的重重障碍，最终看到了胜利的曙光。

思想超前，用中国一句古话来形容就是未雨绸缪，以长远的眼光，对未来早做谋划。思想超前的人，能够洞悉种种隐匿未现的机遇，从而早做准备，果断出击，实现“无中生有”的目标。

要走“无中生有”的路，就要运用超前思维以“见人所未见”“为人所未为”。套用鲁迅名言：“无路处本来就是创新的路。”要走无中生有的路，就要有魄力、有决心、有方法，搭别人的车走自己的路，或借用别人的路，行自己的车；

要走无中生有的路，还要有很高的心理素质。

创新意味着机会，同时也意味着风险。要走无中生有的路，要想做出无米之炊，没有点胆量、气魄是万万不能的，因此，谁要想走出人所未走之路，谁要想成人所未成之功，谁就要不畏惧失败，要勇于承受风险。

威尔士是美国东北部哈特福德城的一位牙科医生，是西方世界医学领域对人体进行麻醉手术的最早试验者。在威尔士以前，西方医学界还没有找到麻醉人体之法，外科手术都是在极残酷的情况下进行的。

后来，英国化学家戴维发现笑气（氧化亚氮）。1844年，美国化学家考尔顿考察了笑气对人体的作用，带着笑气到各地做旅行演讲，并做笑气"催眠"的示范表演。这天考尔顿来到美国东北部哈特福特城进行表演，不想在表演中发生了意外。那是在表演者吸入笑气之后，突然从半昏睡中一跃而起，神志错乱地大叫大闹着，从围栏上跳出去追逐观众。在追逐中，由于他神志错乱，动作混乱，大腿根部一下子被围栏划破了个大口子，鲜血涌泉般地流淌不止，在他走过的地上留下一道殷红的血印。围观的观众早被表演者的神经错乱所惊呆，这时又见表演者不顾伤痛向他们追来，更是惊吓不已，都惊叫着向四周奔去，表演就这样匆匆收了场。

这场表演虽结束了，但表演者在追逐观众时腿部受伤而丝毫没有疼痛的现象，却给现场的牙科医生威尔士留下了非常深刻的印象。于是他立即开始了对氧化亚氮的麻醉作用进行实验研究。

1845年1月，威尔士在实验成功之后，来到波士顿一家医院公开进行无痛拔牙表演。表演开始，威尔士先让病人吸入氧化亚氮，使病人进入昏迷状态，随后便做起了拔牙手术。但不巧，由于病人吸入氧化亚氮气体不足，麻醉程度不够，威尔士的钳子夹住病人的牙齿刚刚往外一拔，便疼得那位病人"啊呀"一声大叫起来。众人见之先是一惊，随之都对威尔士投去轻蔑的眼光，指责他是个骗子，把他赶出了医院。

威尔士表演失败了，他的精神也崩溃了。他转而认为手术疼痛是"神的意志"，于是他放弃了对麻醉药物的研究。

可是他的助手摩顿与其不同，摩顿开始了自己的探索。1846年10月，摩顿在威尔士表演失败的波士顿医院当众再做麻醉手术实验。结果在众目睽睽之下，他获得了成功。

"无中生有"是需要气魄、胆识和毅力的，在"无中生有"的创新之路上，往往有失败和风险同行。成功属于能够不畏艰险，善于从失败中汲取经验并坚持到底的人。

失败往往是促进进步、产生创新的良方。一次失利并不等于最终失败，惧怕失败而不敢创新的人，就如同害怕跌倒而停步不前的人。要开辟一条"无中生有"的创新之路，首先得准备接受失败的打击，把它看作成功创新的必经之路。

让赚钱成为一种习惯

将鸡蛋放在
不同的篮子里

　　有这样一个故事，讲的是一个非常聪明的农夫，要进城去卖鸡蛋，但进城的路非常颠簸难走，他为了不让鸡蛋在路上打破，于是将一篮子鸡蛋分装在很多个篮子里。结果到达城里之后，打开篮子，发现只有一个篮子的鸡蛋破了，其余都完好无损。

　　这个小故事告诉了我们一个道理，就是将我们的财富分装在不同的篮子里，投资在不同的领域，以寻求最大的回报。

　　"不要把鸡蛋放在一个篮子里，除非你有亏不完的钱。"

　　出乎大多数人所料，财商高的人大多过着很乏味的生活，他们不爱换工作，很少有人再婚，家里孩子较少，甚至不爱搬家。财商高的人的生活没有太多意外或新鲜，稳定性是他们的共同特色。

　　表现在投资上，财商高的人也主要采取稳扎稳打的方式。这种观念有效地降低了财商高的人理财的风险，为度过未来的经济危机做好了良好的铺垫。简而言之，就是运用组合的手段，分散投资的风险。

比尔·盖茨是首屈一指的世界富翁，他的财富富可敌国。

富则富矣，但盖茨并不"把鸡蛋全放在一个篮子里"，而这也是他投资聪明之处。

盖茨看好新经济，但同时认为旧经济有它的亮点，也向旧经济的一些部门投资。美国《亚洲华尔街日报》评论说，盖茨的投资战略令人感兴趣的是："盖茨看到了把投资分散、延伸到旧经济的必要性，而他的好友巴菲特却没有看到把投资分散到新经济的必要性。"巴菲特素有华尔街"股王"之称，他的投资对象都是旧经济部门公司。

盖茨分散投资的理念和做法由来已久。据《亚洲华尔街日报》报道，盖茨1995年就建立了名为"小瀑布"的投资公司。这家设在华盛顿州柯克兰的公司专门为盖茨的投资理财服务，主要就是分散和管理盖茨在旧经济中的投资。这家公司的运作十分保密，除了法律规定需要公开的项目，其活动的具体情况很少向公众透露。不过根据已知情况，这家公司的投资组合共值100亿美元。这笔资金很大部分是投入债券市场，特别是购买国库券。在股价下跌时，政府债券的价格往往是由于资金从股市流入而表现稳定以至上升的，这就可以部分抵消股价下跌所遭受的损失。同样，小瀑布公司也大量投资于旧经济中的一些企业，并以投资的"多样性"和"保守性"闻名。

在盖茨对旧经济部门的投资中，对比较稳健的重工业公司的投资已取得相当好的成绩。据报道，盖茨通过小瀑布公司收购了纽波特纽斯造船公司7.8%的股票，这些股票的价格比上一年差不多上涨了1倍。由于著名的通用动力公司宣布要购买这家造船公司，该公司的股价又上升了约24%。盖茨对加拿大国家铁路公司的投资也给他带来丰厚的回报，该公司当年股价上升约33%。

和巴菲特类似，小瀑布公司也喜欢向公用事业公司投资。美国报刊认为，公用事业股虽然一般说来上涨较慢，但抗跌性则很强，是较稳妥的投资对象。

盖茨的投资不少是从长期着眼的，例如投资于阿拉斯加气体集团公司和舒尼萨尔钢工业公司。他的投资代理人拉森就把小瀑布投资公司称为"长期投资者"，"在这个意义上有点像巴菲特"。

纽约投资顾问公司汉尼斯集团总裁格拉丹特在概括盖茨的投资战略时说，投资者，哪怕是盖茨那样的超级富豪，都不应当把"全部资本押在涨得已很高的科技股上"。这就是说，就连盖茨这样的超级富豪都不把鸡蛋全放在一个篮子里。

"不把鸡蛋放在同一个篮子里"是所有成功的财商高的人的成功哲学之一。要想成为亿万富翁，必须学会这条商业法则，养成习惯。

◆ 让赚钱成为一种习惯 ◆

把鸡蛋放在不同的篮子里
这是投资学的一个重要原理。
分散投资，把风险降低。

> 为了安全起见，我不能把鸡蛋放在一个篮子里。

> 价值投资的投资原则：第一条，千万不要亏损；第二条，千万不要忘记第一条。

价值投资之父本杰明·格雷厄姆

早点开始投资,建立财富基础
巴菲特说：开始存钱并及早投资，这是最值得养成的好习惯。

> 这圆形的针孔好难穿线。

> 我将发明一种针解决这个问题。

长条形针孔彻底颠覆了传统缝纫针，大大提高了缝纫效率。

小缺陷孕育着大市场
身边的细微小事往往蕴含着巨大商机，小创意可能带来大成功。

从细微
小事做起

完成小事是成就大事的第一步。伟大的成就总是跟随在一连串小的成功之后。在事业起步之际，我们也会得到与自己的能力和经验相称的工作岗位，证明我们自己的价值，渐渐被委以重任和更多的工作。将每一天都看成是学习的机会，这会令你在公司和团体中更有价值。一旦有了晋升的机会，老板也会第一个就想到你。任何人都是这样一步一个脚印地走向成功彼岸的。

很多人都会羡慕伟人的功成名就，可是大家却忽略了伟人背后的故事，像爱迪生从小的时候就很注意在小的事情上培养自己的兴趣，从自己动手做一个小小的衣架，摆弄一个不起眼的玩具，这些都给了他很大的启迪，为自己将来成就事业奠定了良好的做事风范。当他发明电灯的时候，如果不是从每一个细小的金属丝开始，一步一步地来做实验，他就不可能成功。

小小的电灯可以看出一个人的做事态度。不要羡慕别人，每一个人都是最佳的主角。培养自己细心做事的态度，做好小事，才会成就一番大事。

早期人们用手工制衣的时候，缝衣针的针孔是圆形的，上了年纪的老人用这样的缝衣针非常的不方便，引线的时候由于视力的下降常常很难一下子就将线穿过针孔。

为此，一个技师非常想找出一个更好的方法来解决这个问题，他把针线拿过来反复地琢磨，实验了很多方法，最后他觉得把缝衣针的圆形针孔改成长条形，更容易把线穿过去。

因为针眼是一长条孔，你眼力再不济，拿线头往针眼上下一扫，总能对上。从圆孔到长条形针孔，就这么一点小改动，穿针难的老问题就解决了。

他立即向工厂的领导提出了改进缝衣针的想法，领导对这个问题十分重视。欣然同意他的改进意见后，很快这一全新的缝衣针推出了，得到了广泛的赞誉，更重要的是得到更多的市场。这种缝衣针还彻底代替了以前的圆孔缝衣针，大大提高了手工制衣人的制衣效率。

其实不论做什么事情，加工一件产品还是做一件日常生活中的小事，实际上都是由一些细节组成的。纵观世界上伟大的成功者，他们之所以能取得杰出的成就，主要是始终把细节的东西贯穿于他的整个奋斗过程中。瓦特只是注意到了蒸汽把烧水的壶盖儿掀起的那一细节就给了他无限的灵感，牛顿只是注意了苹果落地的细节，就引发了万有引力的设想。 可见，细节虽小，影响却是巨大的。

一个乐于从细微小事做起的人，有希望创造惊人的奇迹。 一个不经意的发现就有可能决定一个人的命运。 一项小小的改进就能让一个企业扭转局势、起死回生。 在市场竞争日益激烈的今天，任何细微的东西都可能成为"成大事"的决定性因素。

那么"先做小事，先赚小钱"有什么好处呢？

"先做小事，先赚小钱"最大的好处是可以在低风险的情况之下积累工作经验，同时也可以借此了解自己的能力。 当你做小事得心应手时，就可以做大一点的事。 赚小钱既然没问题，那么赚大钱就不会太难，何况小钱赚久了，也可累积成"大钱"。

你身边的任何一件小事中都可能蕴含着极大的商机。 关键在于你有没有发现的头脑。 从小事中激发出来的创意往往会给你带来意想不到的收获。

此外，小缺陷中往往孕育着大市场。 日本著名华裔企业家邱永汉先生曾说："哪里有人们为难的地方，哪里就有赚钱的机会。"从一些看似平凡的现象中启动灵感，以超前的眼光猎获潜在的市场。 只有这样，才能在瞬息万变的市场中掌握主动权，挖掘潜在的财富。 信息作为一种战略资源，已经和能源、原材料一起构成了现代生产力的三大支柱。 信息中包含着大量的商机，而商机中蕴藏着丰富的财富。 企业家要有"一叶落而知秋到"的敏锐眼光，从不为别人所注意的蛛丝马迹中挖出重大信息，而后迅速做出决策，抓住转瞬即逝的机遇。

懂得
借钱生钱之道

任何人的富有都不是天生的，亿万富翁们起初也只是贫穷者。但他们善于借用资源，借钱生钱，最终走向富裕，是他们共有的特征之一。

"如果你能给我指出一位亿万富翁，我就可以给你指出一位大贷款者。"威廉·立格逊在他一本书中这样写道。

著名的"希尔顿饭店"的创始人希尔顿从一文不名到成为身价57亿美元的富翁的过程，只用了17年的时间，他发财的秘诀就是借用资源经营。他借到资源后不断地让资源变成了新的资源，最后成为全部资源的主人———一名亿万富翁。

希尔顿年轻的时候特别想发财，可是一直没有机会。一天，他正在街上转悠，突然发现整个繁华的优林斯商业区居然只有一个饭店。他就想：我如果在这里建立一座高档次的旅店，生意准会兴隆。于是，他认真研究了一番，觉得位于达拉斯商业区大街拐角地段的一块土地最适合做旅店用地。他调查清楚了这块土地的所有者是一个叫老德米克的房地产商人之后，就去找他。老德米克也开了个价，如果想买这块地皮就要希尔顿掏30万美元。希尔顿不置可否，却请来了建筑设计师和房地产评估师给"他的旅馆"进行测算。其实，这不过是希尔顿假想的一个旅馆，他问按他的设想建造那个旅店需要多少钱，建筑师告诉他起码需要100万美元。

希尔顿只有5000美元，但是他成功地用这些钱买下了另一个旅馆，并不停地升值，不久他就有了5万美元，然后找到了一个朋友，请他一起出资，两人凑了10万美元，开始建设这个旅馆。当然这点钱还不够购买地皮的，离他设想的那个旅馆还相差很远。许多人觉得希尔顿这个想法是痴人说梦。

希尔顿再次找到老德米克签订了买卖土地的协议，土地出让费为30万美元。

然而就在老德米克等着希尔顿如期付款的时候，希尔顿却对土地所有者老德米克说："我想买你的土地，是想建造一座大型旅店，而我的钱只够建造一般的旅馆，所以我现在不想买你的地，只想租借你的地。"老德米克有点发火，不愿意和希尔顿合作了。希尔顿非常认真地说："如果我可以只租借你的土地的话，我的租期为90年，分期付款，每年的租金为3万美元，你可以保留土地所有权，如果我不能按期付款，那么就请你收回你的土地和我在这块土地上建造的饭店。"

老德米克一听，转怒为喜："世界上还有这样的好事？30万美元的土地出让费没有了，却换来270万美元的未来收益和自己土地的所有权，还有可能包括土地上的饭店。"于是，这笔交易就谈成了，希尔顿第一年只需支付给老德米克3万美元就可以，而不用一次性支付昂贵的30万美元。就是说，希尔顿只用了3万美元就拿到了应该用30万美元才能拿到的土地使用权。这样希尔顿省下了27万美元，但是这与建造旅店需要的100万美元相比，差距还是很大。

于是，希尔顿又找到老德米克，对他说道："我想以土地作为抵押去贷款，希望你能同意。"老德米克非常生气，可是又没有办法。

就这样，希尔顿拥有了土地使用权，于是从银行顺利地获得了30万美元贷款，加上他已经支付给老德米克的3万美元后剩下的7万美元，他就有了37万美元。可是这笔资金离100万美元还是相差得很远，于是他又找到一个土地开发商，请求他一起开发这个旅馆，这个开发商给了他20万美元，这样他的资金就达到了57万美元。

1924年5月，希尔顿旅店在资金缺口已不太大的情况下开工了。但是当旅店建设了一半的时候，他的57万美元已经全部用光了，希尔顿又陷入了困境。这时，他还是来找老德米克，如实细说了资金上的困难，希望老德米克能出资，把建了一半的建筑物继续完成。他说："如果旅店一完工，你就可以拥有这个旅店，不过您应该租赁给我经营，我每年付给您的租金最低不少于10万美元。"这个时候，老德米克已经被套牢了，如果他不答应，不但希尔顿的钱收不回来，自己的钱也一分回不来了，他只好同意。而且最重要的是自己并不吃亏。建希尔顿饭店，不但饭店是自己的，连土地也是自己的，每年还可以拿到丰厚的租金收入，于是他同意出资继续完成剩下的工程。

1925年8月4日，以希尔顿名字命名的"希尔顿旅店"建成开业，希尔顿的人生开始步入辉煌时期。

自己想要捕鱼，但是又没有船，怎么办？最好的办法就是借船出海。如果我们算好时间抓住鱼汛，也许出去一次就能赚回半条船来。也许你觉得借船还要付出租金不划算，你也可以自己造船，但是也许等你造出船来的时候，鱼汛早就过去了。

所以我们每个人千万要记住，赚钱最重要的是机会，是时间。机会放过去了你就永远也抓不回来。我们的过去是不可能重新上演的，我们每一个人不是先知先觉也不可能预知将来，我们能够捕捉到的只有今天。所以，我们绝不能靠吃老本过日子，我们更不能将希望寄托给将来，将来的变化永远超出我们的想象。

我们如果有条件、有机会预支明天的金钱，绝不可放过这个机会，这无形中就相当于我们在时间上超越了别人。现在我们的金融政策比过去松动了很多，我们购房可以按揭、求学可以贷款、购买耐用消费品也可以分期付款，所以我们要充分地利用这个机会，用明天的钱来办今天的事。

所以，我们要发展自己、壮大自己，就一定要有广阔的胸襟，要能够容人，要能够容忍他人的资本进入自己的事业中来，这就像滚雪球一样，雪球越大它就滚得越快，它就越容易滚大。所谓他山之石可以攻玉！他人的金钱进入了我们的事业，我们的金钱增长得也会更快；他人的金钱进入了我们的事业，他人的智慧也就进入了我们的事业。博采众人之长，兼收并蓄，我们自己才会不断地长大。

每个人都渴望成功，每个人都希望自己是一个成功者，然而事实上，成功者只是少数，多数人终其一生都过着极普通的生活。

对一些没有背景的人来说，其力量是很有限的，在没成功之前更是有限。这个时候，人有必要借助外部的力量来达到目的，促进成功，这就是借鸡下蛋。

借鸡下蛋，会给人节省很多的时间和精力，并且能起到事半功倍的效果。

在人生苦苦奋斗的风雨中，人少不了去"借"，借鸡下蛋只是其一，还有借船出海和借风使船，这三借在人的成功中，是必不可少的。

借的成功在今天，甚为流行，从而成就了很多人。看看哪一个研究生、博士生不是有一个很好的导师，找课题、立项目，哪一样少得了他的导师，他们不借助导师的力量能成功吗？

再看看一些成功的企业家，他们在身无分文的情况下，却能成就大事业，靠的是什么？是借的道理。他们有本事向银行贷款，向富人借款，用别人的钱来发展自己。

我们这个社会有许多资金在找投资机会，如果你是一个有心的人，是一个胸怀大志的人，是一个不屈不挠的人，你终会找到这些钱助你一臂之力。

　　借与成功有千丝万缕的联系，明白了借船出海、借鸡生蛋、借风使船的道理，也就离成功不太远了！

善借外力
生财

以"借"生财，并非完完全全是借钱，无数富翁与企业的发迹史告诉我们：凡是可以为我们带来财富的东西，都可以借来利用，能借来的全借来，才能发大财。借互联网卖产品，借名人做宣传，借名气办公司，借社会发展趋势创业，等等，这都是能借的东西。

第一，善借人力为自己赚钱。

美国一出版商有一批滞销书久久不能脱手，他忽然想出了一个主意：给总统送去一本书，并三番五次去征求意见。忙于政务的总统不愿与他多纠缠，便回了一句："这本书不错。"出版商便借总统之名大做广告："现有总统喜爱的书出售。"于是，这些书一抢而空。不久，这个出版商又有书卖不出去，又送一本给总统，总统上过一回当，想奚落他，就说："这书糟透了。"出版商闻之，脑子一转，又做广告："现有总统讨厌的书出售。"不少人出于好奇争相抢购，书又售尽。第三次，出版商将书送给总统，总统接受了前两次的教训，便不作任何答复，出版商却大做广告："现有令总统难以下结论的书，欲购从速。"居然又被一抢而空，总统哭笑不得，商人却借总统之名大发其财。

1964 年，尼克松在大选中败给了肯尼迪，百事可乐公司认准尼克松的外交能力，以年薪 10 万美元的高薪聘请尼克松为百事可乐公司的顾问和律师。尼克松接受了，利用他当副总统的旧关系，周游列国，积极兜售百事可乐，使百事可乐在世界上的销售额直线上升。

有句名言这样说："山不在高，有仙则名；水不在深，有龙则灵。"任何一家企业如果能够充分利用名人效应，往往会在竞争激烈的商海中取得出奇制胜的效果。

有道是："骑驴找马，总比徒步强。"或曰："好风凭借力，送我上青云。"说的都是借助外力来发展自己的道理。骑上一头驴，去捕捉另一匹马当然更容易。生意场上做事又何尝不是如此，善于借鸡下蛋，是号称世界第一商人的犹太人商海弄潮的秘诀之一。众所周知，犹太人做生意的基本形态是单人独家，是个体户，这种形态有诸多的好处，但也有其弱势。怎样克服其弱势的一面，是犹太人能否在市场中立于不败之地的大问题。而这一问题对于犹太人而言并非难事。犹太人的做法是：在自己的个体生意没有做下去的把握时，便采取联袂合作的方式，与别人共同发展，通过分成来进行原始积累，等有了资本有了能力之后再复归原态，拉出去独干。为了借人之力，他们非常重视结交关系。犹太人常说："先把个人关系搞定，再做生意。""只要有关系（人际关系），就没有关系（问题）了。"因此生意场上的犹太人个个都是建立良好关系的能手，据说许多犹太人为了拉关系，在白天搞推销只是为记住对方的长相，等下班后就想方设法跟踪，摸清对方住址，带上礼物再去找对方。

善借他人为自己赚钱，充分体现了人们的自主意识。处理和协调好不同的人际关系是创富活动的重要组成部分。长袖善舞，营造良好的人际关系，使借力已成为富人创富活动中的一个不可或缺的因素。

第二，善借平台生财。

在新经济时代，各种网络平台都是创业的基地。淘宝、微店、京东、今日头条、抖音等许多网络平台，为数千万人提供了创业的机会，也成就了许多年轻富翁。积极学习使用这些平台创业的方法，为自己找到财源。

第三，善于借势致富。

成功的经营者认为，在诸多的因素中，对大势的选择与把握是至关重要的，它是"乘势"的灵魂。在许多事情的处理与运作的过程中，特别是在商场的行事中，如果能让一个企业的意见或决策起到更大更有力的作用或影响，那就必须选择恰当的时机，借势而发。许多企业在创业与经营中都运用了借势经营的创富之道。现在新经济时代，大势对一个企业来说非常重要。如果你站在了风口上，那么就可以借势飞起来。

从蛛丝马迹中
洞察财源

世上许多地方，时时处处皆有财源，就看你是否有一双慧眼。培养洞察力，是致富必不可少的一项工作。

在股市之中，巴菲特纵横驰骋，无人可敌。他以不断进取的精神、冷静敏锐的判断力赢得了人们的尊敬。其实巴菲特最不同寻常的地方就是他的洞察力，正是这种洞察力为他带来了滚滚财源。要想成为亿万富翁，培养你的洞察力是必须的。

1962 年，伯克希尔·哈撒韦纺织公司因为经营管理不善而陷入危机，股票因此下跌到每股 8 美元。而巴菲特计算，伯克希尔公司的运营资金每股在 16 ~ 50 美元，最少是它股价的两倍。于是，巴菲特以合伙人公司名义开始买进股票。到了 1963 年，巴菲特的合伙人公司已经成为伯克希尔公司的最大股东，巴菲特也成为该公司的董事。

尽管伯克希尔公司的形势不断恶化，工厂不断关闭，销售下降，公司亏损不断，但巴菲特还是继续买进。

　　很快，他的合伙人公司拥有了伯克希尔49%的股份，并掌握了公司的控股权。作为杰出的股票投资天才，巴菲特接管伯克希尔公司以后，再也没有将收回的资金返回到纺织业上去，而是对存货和固定资产进行了清理。他改变了伯克希尔公司的经营方向，使它从纺织业转向了保险业。因为在巴菲特看来，纺织品行业需要厂房和设备投资，故而很消耗资金，而保险业却是能直接产生现金流的。保险业的收益即时就可以到账，而赔偿却要在很久以后才偿付。在收到资金到最后偿付之间的时间内，保险公司可以拥有一大笔可以用来投资的资金。在巴菲特看来，开展保险业务就等于打开了一条可用于筹资和投资的现金通道。1967年，巴菲特以860万美元收购了奥马哈国际保险公司，从此以后，伯克希尔就有了资金来源。在接下来的几年中，巴菲特又用伯克希尔保险公司的资金并购了奥马哈太阳极公司和规模更大的伊利诺伊国民银行及信托公司。到了今天，伯克希尔公司的股票是纽约证券交易所最昂贵的股票，它的价格已由当初最低每股7~60美元上升到每股328000美元。

买股票当然需要预测力和洞察力，因为在风云变幻的股市上，时刻都变化万千，没有出色的洞察力，就不可能取得成功。其实不仅在股市上，在很多地方都需要洞察力才能取得财富。

老希尔顿创建希尔顿旅店帝国时，曾指天发誓："我要使每一寸土地都长出黄金来。"

无疑，他是天才，天才特有的目光使他从不忽略任何一次发财的机会，任何一寸他所管辖的土地都不会休闲沉睡。

70年前，希尔顿以700万美元买下华尔道夫——阿斯托里亚大酒店的控制权之后，他以极快的速度接手管理了这家纽约著名的酒店。一切欣欣向荣，很快进入正常的营运状态。在所有的经理们都已认为充分利用了一切生财手段、再无遗漏可寻时，希尔顿依旧像园丁一样，一言不发地寻找着可能被疏忽闲置的地方。

人们注意到，他的脚步时常在酒店前台停顿，目光像鹰一样，注视着大厅中央巨大的通天圆柱。当他一次次在这些圆柱周围徘徊时，侍者们都意识到，又有什么旁人意想不到的高招儿在他的头脑里闪耀了。

希尔顿独自推敲过这些柱子的构造后发现，这4根空心圆柱在建筑结构上没有支撑天花板的力学价值。那么它们存在的意义是什么呢？美观吗？但没有实用价值的装饰，无异于空间的一种浪费。希尔顿最不能容忍的就是一箭只射一雕。

于是，他叫人把它们迅速改造成4个透明玻璃柱，并在其中设置了漂亮的玻璃展箱。这回，这4根圆柱就不仅仅是装饰性的了，在广告竞争激烈的时代，它们便从上到下充满了商业意义。没过几天，纽约那些精明的珠宝商和香水制造厂家便把它们全部包租下来，纷纷把自己琳琅满目的产品摆了进去。而老希尔顿坐享其成，每年都由此净收20万美元租金。

有许多人想干一番大的事业，但总是强调没有资金或其他必备的条件。实际上，只要思路开阔，能够想出别人想不到的主意，即使空气和水也能卖钱。例如日本商人将田野、山谷和草地的清新空气，用现代技术储制成"空气罐头"，然后向久居闹市、饱受空气污染的市民出售，购买者打开空气罐头，靠近鼻孔，香气扑面，沁人肺腑，商人因此获得了高额利润。美国商人费涅克周游世界，用立体声录音机录下了千百条小溪流、小瀑布和小河的"潺潺水声"，然后高价出售，有趣的是，该行业生意兴隆，购买水声者络绎不绝。法国一商人别出心裁，将经过简易处理的普通海水放在瓶子中，贴上"海洋"商标出售。国外还有人销售月亮上的土地、星星的命名权，等等。

美国联邦政府重新修建自由女神像，但是因为拆除旧女神像扔下了大堆大堆的废料。为了清除这些废弃的物品，联邦政府不得已向社会招标。但好几个月过去了，也没人应标。因为在纽约，垃圾处理有严格的规定，稍有不慎就会受到环保组织起诉的。

犹太人麦考尔正在法国旅行，听到这个消息，他立即终止休假，飞往纽约。看到自由女神像下堆积如山的铜块、螺丝和木料后，他当即就与政府部门签下了协议。消息传开后，纽约许多运输公司都在偷偷发笑，他的许多同事也认为废料回收是一件出力不讨好的事情，况且能回收的资源价值也实在有限，这一举动未免有点愚蠢。

当大家都在看他笑话的时候，他已开始工作了。他召集一批工人，组织他们对废料进行分类：把废铜熔化，铸成小自由女神像；旧木料加工成女神的底座；废铜、废铝的边角料做成纽约广场的钥匙扣；甚至把从自由女神身上扫下的灰尘都被他包装了起来，卖给了花店。

结果，这些在别人眼里根本没有用处的废铜、边角料、灰尘都以高出它们原来价值的数倍乃至数十倍卖出，而且居然供不应求。不到 3 个月的时间，他让这堆废料变成了 350 万美元。他甚至把一磅铜卖到了 3500 美元，每磅铜的价格整整翻了 1 万倍。这个时候，他摇身一变，成为麦考尔公司的董事长。

麦考尔的洞察力使他变废为宝，化腐朽为神奇，赚了一大笔，洞察力的作用在此可见一斑。

从某种意义上说，洞察力就是财源。要想成为亿万富翁，没有洞察力是不行的。众人都能观察到的商机，即使你看到了又有何作用呢？只有洞察众人所不察的商机，才能获取财富。

PART

05

创业是致富
必走之路

发掘你的
第一桶金

　　第一桶金是一个人将来迈向辉煌人生的奠基石，只有先掘得人生的第一桶金，才能施展你更大的抱负，才能走向人生更大的成功。 因为任何一个成功者的第一桶金，都浸透着他的智慧与血汗。 有了第一桶金，第二桶、第三桶就容易源源不断地来了，原因并不是因为有了资本，而是因为找到了赚钱的方法。 这时候的你，哪怕这第一桶金全部失去了，也有十足的信心与能力重新找回。

　　曾经有这样一则故事：一位魔术师看见一个乞丐可怜，就在路边捡了一块石头，用手指一点，那块石头就变成了金砖。 他将这金砖递给乞丐，却遭到了乞丐的拒绝。 魔术师奇怪地问乞丐："你为什么不要金砖？"乞丐的回答却是："我想要你那根点石成金的手指。"第一桶金的意义就在于此，不仅赚了钱，更重要的是找到了赚钱的方法。

　　赚取第一桶金的过程，实际上就是将普通手指变为点石成金的金手指的过程。 创业已经成功的人，他的经历和素质本身就是一笔财富，他可能有失败的时候，负债累累，但只要心不死，他就还会富起来的。

白手起家的富翁刚开始时都不是企业家和资本家，在积累财富和经验的初期，他们或者是雇员，或者是自己雇佣自己的自由职业者。

1970 年，25 岁的美国小伙子特普曼来到丹佛市，在第 2 大道的一套小公寓里，开始了他的创业生涯。刚到丹佛，特普曼就徒步走遍了这个城市的每一个角落，了解、评估每一块好的房地产的价值，计划在这个城市发展他的房地产事业。为此，他常常去看一些土地和楼盘，就像是这些土地的主人。

初来乍到时，人们不认识特普曼。因此他必须计划好为自己的房地产事业铺平道路的每一个步骤。他要做的第一件事就是尽快加入该市的"快乐俱乐部"，去结识那些出入该俱乐部的社会名流和百万富翁。对特普曼这样一个无名小辈来说，要想进这样高档的俱乐部，实在很不容易，但特普曼还是决心去大胆尝试一番。

特普曼第一次打电话给"快乐俱乐部"，刚说完自己的姓名，电话随着一声斥责就被对方挂了。特普曼仍不死心，又打了两次，结果仍遭到对方的嘲弄和拒绝。"这样坚持下去，将会毫无结果。"特普曼望着电话机喃喃自语。突然，他心生一计，又拿起了电话。这次他声称将有东西给俱乐部董事长。对方以为他来头不小，连忙将董事长的电话号码和姓名告诉了他。

　　特普曼得意地笑了，他立即打电话给"快乐俱乐部"董事长，告诉他想加入俱乐部的要求。董事长没说同意也没说不同意，却让特普曼来陪他喝酒聊天。特普曼自然满口答应了。

　　通过喝酒聊天，特普曼逐渐与这位董事长建立了良好的关系。几个月后，在董事长的特殊关照下，他如愿以偿，成为"快乐俱乐部"中的一员。

　　在俱乐部中，特普曼结识了许多富商巨贾，建立了良好的关系网。

　　1972年，丹佛市的房地产产业陷入萧条时，大量的坏消息使这座城市的房地产开发商们严重受挫，丹佛人都在为这个城市的命运担心。然而在特普曼看来，丹佛城的困境对他来说无疑是天赐良机，从前那些对他来说是可望而不可及的好地皮，现在可以以较低的价格任意挑选收购了。

　　就在这时，特普曼从朋友处得到一个消息：丹佛市中央铁路公司委托维克多·米尔莉出售西岸河滨50号、40号废弃的铁路站场。

　　特普曼凭着自己敏锐的眼光和经验判断出：房地产萧条是暂时性的，赚大钱的好机会终于降临了。为此，他把自己所拥有的几个小公司合并起来，改称为"特普曼集团"，使他更具实力。第二天一早，特普曼便打电话给米尔莉，表示愿意买下这些铁路站场，并约定了在米尔莉的办公室商谈这笔买卖。

◆ 创业是致富必经之路 ◆

中国黄页

马云

马云从卖黄页开始，培养了财商，成就了今天的阿里巴巴和支付宝。

发掘你的第一桶金
有了第一桶金，就学会了赚钱的方法和智慧，以后赚钱就容易许多。

松下幸之助没上过学，没有雄厚的资本，凭自己的努力缔造了"松下帝国"。

创业才能让你走上创富之路
创业必须遵循三原则：做熟悉的行业，做有前景的行业，结合自身条件。

松下幸之助

微信创始人张小龙

张小龙富有天马行空的想像力，从FoxMail到QQ邮箱，再到微信，每个产品都非常成功。

用与众不同的创新思维创造奇迹
创新就是不走被踩烂的路。

风度翩翩、年轻精干的特普曼给米尔莉留下极好的印象。他们很快便达成协议："特普曼集团"以200万美元的价格购买了西岸河滨的那两块地皮。不久，房地产升温，特普曼手中的两块地皮涨到了700万美元。他见价格可观，便将地皮脱手了。

经过许多人的帮助以及自己的努力，特普曼终于挖到了来到丹佛市的第一桶金——500万美元。这是他闯荡丹佛的第一笔大买卖，也是他第一次独立做成的房地产生意。此后，他开始了在美国辉煌的经商生涯。

赚取你的第一桶金很重要，它能为你以后事业的发展打下坚实的基础。

对白手起家的创业者来讲，第一桶金也许要5年，第二桶金也许只要3年，第三桶金也许只要1年，甚至更短。因为你已经有了丰富的经验和可启动的资金，就像汽车已经跑起来，速度已经加上来，只需轻轻踩下油门，车就可以高速如飞一般。

创富必须先找到适合自己的一块掘金之地。

这块地应该具有如下特点：必须是市场所需要的；你的竞争对手不具备优势或不愿涉足；尚未被大多数人发现。

用与众不同的创新思维
为自己赋能

美国石油大亨约翰·D.洛克菲勒曾说过："如果你要成功，你应该朝新的道路前进，不要跟随被踩烂了的成功之路。"创新是人类的特质，只有摆脱常人的思维模式，踏出一条新的道路来，你才能在财富之路上异军突起。

罗伯特在大学3年级时便退学了。他年仅23岁时就开始在佐治亚州克林夫兰家乡一带销售自己创作的各种款式的"软雕"玩具娃娃，同时还在附近的多巨利伊国家公园礼品店上班。

曾经连房租都缴不起、穷困潦倒的罗伯特如今已成了全世界最有钱的年轻人之一。这一切不是归功于他的玩具娃娃讨人喜爱的造型和它们低廉的售价，而是归功于他在一次乡村市集工艺品展销会上突然冒出的一个灵感。在展览会上罗伯特摆了一个摊位，将他的玩具娃娃排好，并不断地调换拿在手中的小娃娃，他向路人介绍

"她是个急性子的姑娘"或"她不喜欢吃红豆饼"。就这样，他把娃娃拟人化，不知不觉中就做成了一笔又一笔的生意。

不久之后，便有一些买主写信给罗伯特诉说他们的"孩子"也就是那些娃娃被买回去后的问题。

就在这一瞬间，一个惊人的构想突然涌进罗伯特的脑海中。罗伯特忽然想到：他要创造的根本不是玩具娃娃，而是有性格、有灵魂的"小孩"。

就这样，他开始给每个娃娃取名字，还写了出生证书并坚持要求"未来的养父母们"都要做一个收养宣誓，誓词是："我某某人郑重宣誓，将做一个最通情达理的父母，供给孩子所需的一切，用心管理，以我绝大部分的感情来爱护和养育他，培养教育他成长，我将成为这位娃娃的唯一养父母。"

玩具娃娃就这样不仅有玩具的功能，而且凝聚了人类的感情，将精神与实体巧妙灵活地结合在一起，真可谓是一大创举。

数以万计的顾客被罗伯特异想天开的构想深深吸引，他的"小孩"和"注册登记"的总销售额一下子激增到30亿美元。

正是那个惊人的构想成就了罗伯特的辉煌。一个小小的创意就能获得巨额财富，就看你想不想动脑筋了。

创意并非都正确，奇迹也并非统统能实现。即便如此，仍应当鼓励自己和别人积极思考。

美国家用电器大王休斯原来是一家报社的记者，由于和主编积怨太深，他一气之下辞职不干了。

有一天，休斯应邀到新婚不久的朋友索斯特家吃饭。吃菜时，他品尝到菜里有一股很浓的煤油味，简直无法下咽。索斯特新婚的妻子用的是煤油炉做饭，很容易把煤油溅到锅里。索斯特又若有所思地说："要是能有一种简便、卫生、实用的炉子就好了。"

说者无意，听者有心。索斯特的话对休斯的触动很大。"对呀，为何不生产一种全新的炉具投放市场呢？"有了这一想法后，他开始重新设计自己的人生目标，全身心地投入到研制新型的家用电器上。经过他不懈的努力，终于在1904年成功地研制出一系列新型的家用电锅、电水壶等家用电器，成了闻名于世的实业家。

美国摩根财团的创始人摩根，原来并不富有，夫妻二人靠卖蛋维持生计。但身高体壮的摩根卖蛋远不及瘦小的妻子。后来他终于弄明白了原委，原来他用手掌托着蛋叫卖时，由于手掌太大，人们眼睛的视觉误差害苦了摩根。他立即改变了卖蛋的方式：把蛋放在一个浅而小的托盘里，出售情况果然好转。但摩根并不因此满足，眼睛的视觉误差既然能影响销售，那经营的学问就更大了，从而激发了他对心理学、经营学、管理学等的研究和探讨，终于创建了摩根财团。

必须强调的是，创新必须立足于市场，创新如果脱离市场，再好的创新产品，都未必能够带来经济利益。企业的经营者与纯粹的科研人员不同，经营者如果赚不到钱，就意味着经营失败或受挫。经营要想成功，推出新产品是一条胜算较大的途径，而衡量新产品成功的标准，不是看产品的"创新成分"或"科技含量"有多大，而是看它是否适应市场的需求。

日本东京的一个咖啡店老板就利用人的视觉对颜色产生的误差，减少了咖啡用量，增加了利润。他给30多位朋友每人4杯浓度完全相同的咖啡，但盛咖啡的杯子的颜色则分别为咖啡色、红色、青色和黄色。结果朋友们对完全相同的咖啡的评价却截然不同，他们认为青色杯子中的咖啡"太淡"；黄色杯子中的咖啡"不浓，正好"；咖啡色杯子以及红色杯子中的咖啡"太浓"，而且认为红色杯子中的咖啡"太浓"的占90%。于是老板依据此结果，将其店中的杯子一律改为红色，既大大减少了咖啡用量，又给顾客留下了极好的印象。结果顾客越来越多，生意随之愈加红火。

创新对于创富具有十分重要的意义。俗话说："流水不腐，户枢不蠹。"对于创富的经营者来说必须永葆创新的青春，才能立足于商海。

创意能
点石成金

创意是创新之母，只有找到好的创意，创新才能成功，才能更有效地赚钱。

创可贴的发明者埃尔·迪克森在生产外科手术绷带的工厂工作。20世纪初，他太太在做饭时，经常将手弄破。迪克森先生总是能够很快为她包扎好，但是他却十分担心，自己不在家时，该怎么办呢？如果有一种特别方便的绷带，自己可以为自己包扎伤口就好了，那样，就不用担心太太自己包扎不了了。

于是，他想自己试着为太太做一个方便的绷带。他想把纱布和绷带做在一起，就能用一只手包扎伤口。他拿了一条绷带布平铺在桌子上面，在绷带上面涂上胶，然后把另一条纱布折成纱布垫，放到绷带的中间。可其中有个难题，做这种绷带要用不卷起来的胶布带，而粘胶暴露在空气中的时间长了表面就会干。

后来他发现，一种粗硬纱布能避免出现上述的问题，于是创可贴便问世了。

创意无处不在。如果你掌握了创意思维的技巧，就能从失败中找到正确的方向，使你绝地逢生，从而扭转不利的局面。

美国有一家生产牙膏的公司，其产品优良，包装精美，深受广大消费者的喜爱。记录显示，公司前10年每年的营业增长率为10%～20%，这令董事们十分兴奋。不过，在随后的几年里，公司的业绩却停滞不前，每个月维持同样的数字。董事长对业绩感到不满，便召开全国经理级高层会议，以商讨对策。

会议中，有名年轻经理站起来，对董事长说："我手中有张纸，纸里有个建议，若您要使用我的建议，必须另付我5万美元。"

总裁听了很生气地说："我每个月都支付薪水给你，另有分红、奖金。现在叫你来开会讨论，你还要另外付你5万美元。是不是过分了？"

"总裁先生，请别误会。若我的建议行不通，您可以将它丢掉，一分钱也不必付。"年轻的经理解释说。

"好。"总裁接过那张纸，看完后马上签了一张5万美元支票给那位年轻的经理。

那张纸上只写了一句话：将现有的牙膏管口的直径扩大1毫米。

总裁马上下令更换新的包装。

试想，每天早上，每个消费者挤出比原来粗 1 毫米的牙膏，每天牙膏的消费量将多出多少呢？

这个决定，使该公司随后一年的营业额增加了 30%。

创业成功最关键的是创意。重要的不在于创意本身有多少美妙和神奇，而在于它在多大程度上的不可复制、市场潜力的大小以及实施计划的可行性。

创业需要有创意的想法，但创意不等于创业。创意属于意识范畴，创业属于实践范畴。创业至少需要技术、资金、人才、市场经验、管理等因素中的二三项，否则贸然去创业，只有失败一条路。争取和利用资源，才有可能创业成功。

远见卓识助你
超前赚取财富

3个年轻人一同结伴外出，寻找发财机会。在一个偏僻的小镇，他们发现了一种又红又大、味道香甜的苹果。由于地处山区，信息、交通等都不发达，这种优质苹果仅在当地销售，售价非常便宜。

第一个年轻人立刻倾其所有，购买了10吨最好的苹果，运回家乡，以比原价高两倍的价格出售。这样往返数次，他成了家乡第一个万元户。

第二个年轻人用了一半的钱，购买了100棵最好的苹果树苗运回家乡，承包了一片山，把果树苗栽种。整整3年时间，他精心看护果树，浇水灌溉，没有产生一分钱的收入。

第三个年轻人找到果园的主人，用手指着果树下面，说："我想买些泥土。"

主人一愣，接着摇摇头说："不，泥土不能卖。卖了还怎么长果树？"

他弯腰在地上捧起满满一把泥土，恳求说："我只要这一把，请你卖给我吧，要多少钱都行！"

主人看着他，笑了："好吧，你给一块钱拿走吧。"

他带着这把泥土返回家乡，把泥土送到农业科技研究所，化验分析出泥土的各种成分、湿度等。接着，他承包了一片荒山，用整整3年的时间，开垦、培育出与那把泥土一样的土壤。然后，他在上面栽种了苹果树苗。

现在，10年过去了，这3位结伴外出寻求发财机会的年轻人命运迥然不同。第一位购苹果的年轻人现在每年依然还要购买苹果运回来销售，但是因为当地信息和交通已经很发达，竞争者太多，所以赚的钱越来越少，有时甚至不赚钱反而赔钱。第二位购买树苗的年轻人早已拥有自己的果园，因为土壤的不同，长出来的苹果有些逊色，但是仍然可以赚到相当的利润。第三位购买泥土的年轻人，他种植的苹果果大味美，和山区的苹果不相上下，每年秋天引来无数购买者，总能卖到最好的价格。

这个故事其实就是在讲远见，最有远见的第三个年轻人赚取了最多的钱。

19世纪80年代中期，当宾夕法尼亚州的油田由于疯狂的开采而趋向枯竭时，蕴藏量更大的俄亥俄州的油田正在开发起来。

当时新发现的利马油田，地处俄亥俄州西北与印第安纳州东部交界的地带。那里的原油有很高的含硫量，反应生成的硫化氢发出一种鸡蛋腐败的难闻气味，人们称之为"酸油"。没有原油公司愿意买这种低质量的原油，除了洛克菲勒。

当洛克菲勒提出自己要买下油田的建议时，几乎遭到了标准石油公司执行委员会所有委员的反对，包括亚吉波多、普拉特和罗杰斯等。因为这种原油的质量实在太低了，每桶只值0.15美元。虽然油量很大，但谁也不知用什么方法才能对它进行有效的提炼。只有洛克菲勒坚持有一天会找到炼去高硫的方法。亚吉波多甚至说，如果那儿的石油提炼出来的话，他将把生产出来的石油全部吞进肚子。不管亚吉波多怎么说，洛克菲勒总是固执地保持沉默。亚吉波多最终失望了，他当即表示将他的部分股票以每1美元减到85美分出售。

面临着非此即彼的选择，执行委员会同意了。标准石油公司第一次以800万元的最后价格购买了油田，这是公司第一次购买产油的油田。

洛克菲勒始终是乐观的，美孚托拉斯的前景如此辉煌，他的乐观简直变成了如痴如狂。他从自己的腰包里掏出300万美元，让一位颇有名气的化学家——德国移民赫尔曼·弗拉希来研究一种可将石油中的硫提取出来的方法。

弗拉希一头扎进了实验室。洛克菲勒不懂科学，但知道科学家的工作是不能受到干扰的。对弗拉希的要求，他一概有求必应。用于研究的经费是巨大的，几万美元维持几个月时间就算不错了。弗拉希提炼利马石油的工作进展缓慢，研究费用却持续地增高，从几万美元增加到几十万美元。美孚公司的巨头们再次开会，讨论是否立即放弃利马石油，把准备投到那儿的资金抽往别处。亚吉波多以胜利者的姿态，幽默地对洛克菲勒说：看来他已经没必要喝光提炼出来的利马石油了。他为自己转让股票的行为而感到庆幸。

然而，洛克菲勒仍以微笑作答，对大家的提醒不置一词。

利马石油的价格，在两三年内一跌再跌。到1888年初，它已跌到每桶不到2美分，拥有利马油田股票的人纷纷抛出，并自叹倒霉。

弗拉希的工作没有中断，他常常通宵达旦地待在实验室里。研究工作其实已有了些眉目。当洛克菲勒询问他究竟有多大把握时，弗拉希谨慎地回答：至少有50%以上的把握。

于是，洛克菲勒不再说什么。他命令手下到交易所收购那些廉价抛售的利马石油股票，他要干就要干到底。

事实证明洛克菲勒是正确的。一段时间以后弗拉希的研究成功了，他找到了一种完善地处理含硫量过高的利马油田的脱硫法，并因此获得专利，这种方法从此就被称为弗拉希脱硫法。

利马油田的股票价格迅速上涨，短短的时间就上涨将近10倍。洛克菲勒收进的那些股票又赚了一大笔。

正是洛克菲勒的远见卓识使他赚了这笔钱。

亚吉波多曾这样评价洛克菲勒："洛克菲勒能比我们任何人都看得远，他甚至能看到拐弯过去的地方。"

智者切面包时，计算 10 次才动刀；倘若换成愚者，即使切了 10 下也不会估测一下。因此切出来的面包，总是大小不一或数量不对。这就是智者和愚者做事时思考模式的不同。

华尔街的金融巨子摩根也是那种善于把握变化趋势，具有非凡洞见和远见卓识的少数人之一。1871 年，普法战争以法国战败而告终。法国因此陷入一片混乱，既要赔德国 50 亿法郎的巨款，又要尽快恢复经济，这一切都需要钱。而法国现政府要维持下去，就必须发行 2.5 亿法郎的国债。面对如此巨额的国债，再加上一个变数颇多的法国政治环境，法国的罗斯柴尔德男爵和英国的哈利男爵（他们分别是两国的银行巨头）不敢接下这笔巨债的发行任务，而其他小银行就更不敢了。面对风险，谁也不敢铤而走险。这时，摩根敏锐地感到，政府不想垮台就必须发行国债。而这些债务将成为投资银行证券交易的重头戏，谁掌握了它，谁就可以在未来称雄。但是，谁又敢来冒这个险呢？摩根想到：能不能将华尔街各行其是的各大银行联合起来？

把华尔街的所有大银行联合起来，形成一个规模宏大、资财雄厚的国债承购组织——"辛迪加"，这样就把需由一个金融机构承担的风险分摊到众多的金融组织头上，无论在数额上，还是所承担的风险上都是可以被消化的。摩根这套想法从根本上动摇和背离了华尔街的规则与传统。不，应该是对当时伦敦金融中心和世界所有的交易所、投资银行规则与传统的背离与动摇。当时流行的规则与传统是：谁有机会，谁独吞；自己吞不下去，也不让别人染指。各金融机构之间，信息阻隔，相互猜忌，互相敌视，即使迫于形势联合起来，为了自己获利最大，这种联合也像6月的天气，说变就变。各投资商都是见钱眼开，为一己私利不择手段，不顾信誉，尔虞我诈，闹得整个金融界人人自危，提心吊胆，各国经济乌烟瘴气。当时人们称这种经营叫海盗经营。而摩根的想法正是针对这一弊端的，各个金融机构联合起来，成为一个信息相互沟通、相互协调的稳定整体。对内，经营利益均沾；对外，以强大的财力为后盾，建立可靠的信用。摩根坚信自己的想法是对的。他凭借过人的胆略和远见卓识预见到：一场暴风雨是不可避免的。

正如摩根所料想的那样，他的想法犹如一颗重磅炸弹，在华尔街乃至世界金融界引起了轩然大波。人们说他"胆大包天""是金融界的疯子"。但摩根不为所动，他相信自己的判断没有错，在静默中等待着机会的来临。后来的事实无疑证明了摩根天才的洞察力，华尔街的辛迪加成立了，法国的国债也消化了。摩根改变了以前海盗式的经营模式，后来又积极向银行托拉斯转变。华尔街从投机者的乐园变成了全美经济的中枢神经，而摩根及其庞大的家族也成了全美最大的财团之一。

我们知道，预见性想象对创富成败的影响是不言而喻的。 一个错误的决策往往与其预见能力不足有关，而一个正确的预见则可以帮助一个人快速获得财富。

曾经有人把当前的社会称为"想象力经济"时代，要想在这个时代淘到金钱，你必须具有超凡的想象力，而想象力必须依托于远见。 只有具有远见的人，才能准确地预测市场，看到未来的发展趋势，从而取得成功。

你的人际资源
价值百万

人际关系是
创富的推动器

要成为亿万富翁，除了思维、冒险、抓机遇、创业和创新等必须要具备的或要做的事情之外，你还需要把握什么呢？人脉？ 对，要想成为亿万富翁，你必须注意你的人脉。

财商高的人共有的特点是什么？ 《行销致富》的作者佐治亚州立大学的史坦利教授对此进行研究后说："答案是一本厚厚的名片簿。 更重要的是他们广结人际网络的能力，这便是他们成功的原因。"财商高的人们不仅晓得有哪些资源蕴藏在他们厚厚的名片簿里，更愿意把这些资源与其他富人分享。

想成就事业，就要有成功的人际关系。 罗斯福曾经深有感触地说："成功的公式中，最重要的一项因素便是与人相处。"如果你已深刻地"感受"到这一点，便要用极大的行动力去"执行"！

众所周知，在美国前总统克林顿成功竞选的过程中，他的拥有高知名度的朋友们扮演着举足轻重的角色。 这些朋友包括他小时候在热泉市的玩伴，年轻时在乔治城大学与耶鲁法学院的同学，以及当学者时的旧识等。当演说家罗安数年前应邀在阿肯色州热泉市为旅游业年会演讲时，他才深刻地体会到这些人对克林顿总统的支持。

一个人的力量往往是十分有限的，许多问题往往不是一个人能够独自解决的。当问题因无法解决而陷入僵局时，你就必须请教能为你指点迷津的人，请求他们帮助你，给你建议，以便顺利解决问题。

美国石油大亨洛克菲勒在总结自己的成功经验时曾经表示："与太阳底下所有的能力相比，我最关注与人交往的能力。"正是洛克菲勒的这种超卓的人脉沟通能力成就了他辉煌的事业。

人脉的重要性表现在哪里呢？

1. 人脉可以为你提供可遇而不可求的机遇

虽然是金子就会闪光，但那也需要有人能看见光。现实中不乏这样的人，相貌堂堂，胸怀大志，满腹才华，既有学历，又有超人的工作能力。然而，他们却始终郁郁不得志，甚至是别人眼中的失败者和负面教材。于是烫金的文凭、丰富的经历可能成了累赘——拥有这一切也不过如此嘛！当然不是，千里马还需要伯乐呢。

中国百富榜上 30 位左右的企业家最看重的十大财富品质中，"机遇"排在第二位，而在 MBA 学员眼中"机遇"则是十大财富品质的首选。"机遇"的潜台词是"关系"，因为人脉关系越好，机遇相对就越多。中国内地兴起的 MBA 热潮就是一个佐证，读书不仅为了"充电"，更为了搭建高品质的人脉关系并从中寻找商机。 即使是哈佛商学院的毕业生，在总结读书的收获时，也把"建立朋友网络"放在第一位。

人脉在 MBA 学习中已提到一个相当重要的高度。 哈佛商学院的一位教授总结说，哈佛为其毕业生提供了两大工具：首先是对全局的综合分析判断能力；其次是哈佛强大的、遍布全球的、4 万多人的校友网络，在各国、各行业都能提供宝贵的商业信息和优待。 哈佛校友影响之大，实非言语能形容，全校有一种超越科学界限的特殊集体精神。 哈佛商学院建院 90 多年来，有超过 6 万名校友，这些校友多半已是各行业的精英，在团结精神凝聚下，织成了一张稳固的人脉网络。在中国创业的哈佛 MBA 体会最深，他们在没有其他背景的情况下，靠的就是哈佛 MBA 这块金色敲门砖。 在华尔街，在几大风险投资基金中，对哈佛 MBA 来说，找到校友，就是找到了信任。

2. 人脉可以为你提供财源

李嘉诚的次子李泽楷家中实木装饰的餐厅里挂满了镜框，上面镶嵌着李泽楷与一些政界要人的合影，其中有新加坡总理李光耀以及英国前首相撒切尔夫人等。结交上层人士广植人脉，是李泽楷能够在商界游刃有余的坚实基础。

1999 年 3 月，李泽楷凭父亲李嘉诚与他个人的人脉资源，使香港特别行政区政府确立了建设"数码港"的项目，并将其交由盈科集团投资独家兴建。李泽楷则再次利用丰富的人脉资源，收购了上市公司得信佳，并将自己的盈科集团改名为"盈科数码动力"。盈科的收购行动及数码港概念的刺激，使其股市市值由40亿元变成了600亿元，成为香港第11大上市公司，李泽楷一天赚了500多亿。

2003年1月，李泽楷出席了在瑞士达沃斯举办的世界经济论坛，并与微软的比尔·盖茨、索尼的董事长兼首席执行官出井伸之这些杰出的企业家在一起讨论。这使得李泽楷的个人形象在商界更具有影响力，同时也为李泽楷在商界赚得更多财富，培植了广博的人脉。

激励大师安东尼·罗宾说："人生最大的财富便是人脉关系，因为它能为你开启所需能力的每一道门，让你不断地成长，不断地贡献社会。"

经营好你的人脉关系网，然后，你就可以像"稳坐中军帐"的蜘蛛，自然会有猎物送上门来——你只需要迅速出击就可以稳操胜券了。

3. 人脉宽广的人所得到的赚钱信息也越宽广

在这个信息发达的时代，拥有无限发达的信息，就拥有无限发展的可能性。信息来自你的情报站，情报站就是你的人脉关系网，你的人脉有多广，情报就有多广，这是你事业无限发展的平台。

商场上称信息为"情报"。一个生意人怎样获得工作上必需的情报呢？ 我们所知的最有效的方法是：经常上网；与人建立良好关系；养成读书习惯。 其中，生意人最重要的情报来源是"人"。 对他们来说，"人的情报"无疑比"铅字情报"重要得多。 越是一流的经营人才，越重视这种"人的情报"，就越能为自己的发展带来更多的方便。

4. 人脉可以使你财路更宽广

人脉作用当然不仅仅有以上这些，它能从各种细微的方面影响你的生活，人脉是你致富离不开的推动器。

在一个讲究双赢或多赢的时代里，大家也逐渐认识到，一个孤军奋战的英雄是难以成就大业的，只有通过强大的人脉平台，才能造就传世的伟业。

每个人还要懂得将人际关系中妨碍自身发展的因素——自私、偏见、心胸狭隘等揪出来一一铲除，成为"只有才华，毫无脾气"，到处都受欢迎的人物。 到那时，人缘好、人脉广、助力大，成功自然也就快了。 进而凡事自我要求，凡事体谅别人，凡事心存感恩，凡事助人为乐，一路走来，始终如一，则胜利在望，成功可期！

◆ 你的人际资源价值百万 ◆

罗斯柴尔德家族的传统就是"同国王一起散步"。

人际关系是你创富的推进器
亿万富翁都是非常善于经营人际关系的。

与善于使用有才能的人共创财富
人才已经是经营公司的关键要素，是否善用人才决定了事业的成败。

阿里巴巴

蔡崇信

马云

30岁以后，运气差不多要占三、四成了。假如一件事在天时、地利、人和等方面皆相背时，那肯定不会成功。

把双赢的蛋糕做大
李嘉诚是用人唯贤的楷模。对身边的人才委以重任，赢得了打天下的资本。

李嘉诚

与比你成功的人
交朋友

"同国王一起散步"是德国罗斯柴尔德家族的家训之一。因为老罗斯柴尔德从自身的经历中，悟出了一个道理：与强者结交是在激烈竞争中克敌制胜的重要因素。

老罗斯柴尔德最初只是个名不见经传的古董商，却怀有鸿鹄之志。为了实现自己的更大理想，他开始周游当时德国的各个公国，结识了拥有德国王位继承权的威廉王子。威廉王子酷爱古玩，罗斯柴尔德便将自己多年来收藏的珍贵文物倾囊相赠。作为回报，威廉王子允许他在自家领地里出售商品，其店铺的匾额上赫然写着："王室指定供应商"。他的财富日渐增长，不久便成为威廉王子的宫廷银行家，并得以结识众多德国政要。

老罗斯柴尔德的接班人则秉承了这一家族传统，甚至比他做得更为出色。他们个个都是欧洲王室政要的座上宾，与上流社会有着极其密切的关系。尼桑在英国官场中人缘极好，他用极低的价钱从英国购买工业品，再贩运到美洲大陆，以数倍的高价出售；詹姆士与法国王室有着种种联系，对重大决策的出台了如指掌；萨洛蒙几乎囊括了奥匈帝国所有王室贵胄的私人金融业务；卡尔在意大利金融界翻云覆雨；阿姆谢尔更是拥有无数的显赫头衔：奥地利男爵、普鲁士王国官廷银行家兼国王商务顾问和巴伐利亚领事等。

"同国王一起散步"的家族传统，使罗斯柴尔德家族在经营方面受益匪浅。 在19世纪的100年间，单是国债一项，罗斯柴尔德家族就赚了1.3亿多英镑。

其实，要和富人交朋友，最直接最有效的结交者就是你的老板。 现实中创富大军中的你，要想自主创业，必须尽量与老板们接触，看看他们怎么想、怎么说、怎么做，倾听他们对做人做事和行业的看法，这比你埋头苦干学习经验来得又快，又全面，又细致，又丰富，又新潮。 老板们肯定比员工站的位置要高，他的资讯能力也肯定广于员工，也快于员工。

成功的老板，在为人处世上都有他独特的地方，细心观察，你会发现其中的奥妙。 他们能够成功，一定在这方面有所得益。

一个寒冷的冬天，一位腰缠万贯的美国大富翁，在纽约最繁华的大街上漫步——他想在这条街上寻找新的商机。这时，他忽然发现路边有一个衣衫褴褛、形销骨立的摆地摊卖旧书的年轻人，与其说他是在卖书，还不如说是在乞讨。年轻人没有注意到他的到来，仍然在寒风中津津有味地啃着发霉的面包。

曾有着同样苦难经历的富商心中顿生一股怜悯之情，他不假思索地将10美元塞到年轻人的手中，然后头也不回地走了。没走多远，富商忽然觉得不妥，于是连忙返回来，并抱歉地说自己忘了取书，希望年轻人不要介意。最后，富商郑重其事地告诉年轻人："其实，你和我一样，也是商人。"

两年之后，富翁去参加一个规模很大的图书展览会，他正在一个大展台前仔细地看一本书的封面，这时展台旁边一位年轻的书商迎了上来，紧握着他的手，满怀感激地说："先生，您可能早忘记我了，但我永远也不会忘记你。我一直以为我这一生只有摆摊乞讨的命运，直到你亲口对我说，我和你一样都是商人，这才使我恢复了自尊、树立了自信，从而取得了今天的成就。"

年轻人的成功也许应该归功于他的不懈努力和不息奋斗，但他的那颗向着富商看齐的心完全不应该被忽视。从某种意义上说，正是那颗向富商看齐的心才使他恢复了自尊、树立了信心，最终走向成功的。

一位亿万富翁成功后总结说："我之所以能有今天的成就，单靠自己的力量是远远不够的，而是得力于我接触到的所有的朋友。我的朋友各行各业都有，如文化界、教育界、学术界、商业界……我和他们保持着良好的关系。"可见，与国王般的朋友保持良好的关系是经营成功的重要因素之一。

那么我们应该找哪些朋友呢？ 当然和你一样两袖清风的朋友对你的人生也会有很多的帮助，但要创富，就要找到能在观念和实践上帮助你成功的富人。 这是一个简单得几乎不需要解释的结论。 所谓富人，也就是与财富有缘的人。 因此，我们要创富就一定要接近富人，与富人一起工作，与富人交朋友。

实际上，每个人的大部分朋友都是在谋取共同利益的过程中结交的，利益越一致，关系越深厚，尽管有各种矛盾，但利益的凝聚力会使双方去磨合、修复，自动寻求平衡。

在市场经济的今天，我们很多人已经在为企业家工作；接下来，当我们积累了一定的资本以后，就要寻找企业家合作；最后，当我们越来越富的时候，要找一群能创富的人来帮我们工作。

善用有才能的人
为自己赚钱

对于成功人士，拿破仑·希尔曾经说过这样一句话："没有人能够不需要任何帮助而成功。毕竟个人的力量有限。所有伟大的人物，都必须靠着他人的帮助，才有扩展和茁壮成长的可能。"希尔的话揭示了这样一个道理：任何人的成功都是集合多人的智慧和力量而来的，你我想成为亿万富翁，就必须善用有才能的人来为自己赚钱。

对于"善用有才能的人为自己赚钱"这一原则的运用，世界首富微软总裁比尔·盖茨是个中高手。

1981 年底，"微软"已经控制了 PC 机的操作系统，并决定进军应用软件这个领域。比尔·盖茨决定把微软公司变成不仅开发软件，而且成为一个具有零售营销能力的公司。他打算一边从事产品生产，一边从事产品销售，全面投入市场竞争。但是，市场营销与软件程序设计相比，比尔·盖茨感到头痛，因为在软件设计方面，微软的人才都是高手，而在市场营销方面，则找不出一个很懂得行情的人来。没有营销方面的人才，微软要想进入市场，谈何容易；没有营销人才，微软这座"创收火山"也只能是一座死火山。

比尔·盖茨深知问题的症结，于是四处打听，八方网罗。最后，从肥皂大王尼多格拉公司挖来了一个大人物，公司的营销副总裁罗兰德·汉森。汉森对软件方面可以说是完全的"门外汉"，然而他对市场营销却有极其丰富的知识和经验。比尔·盖茨要汉森负责微软公司的广告、公关和产品服务以及产品的宣传与推销，任命他一上任就当营销方面的副总裁，以达到让其人尽其才的效果。

"品牌会产生光环效应，只有让人们对品牌产生联想，产品才会更容易被接受。""当你用这个品牌推出新产品时，依靠品牌的荣光，它会更容易站住脚，更容易受欢迎。"

汉森给这群只懂软件，不懂市场的"市场盲"，进行了一次生动的启蒙教育。在汉森的提议之下，微软公司决定，以后所有的微软产品都要以"微软"为商标。

从那以后，所有微软公司不同类型的产品，都打出"微软"品牌。不久以后，这一品牌，在美国、欧洲乃至全球，都成为家喻户晓的名牌。这样一来，市场销路才算是圆满解决。随着市场的日益扩大，尤其是海外市场的开发，微软公司的经营范围日益增大，罗兰德·汉森功不可没。

现代公司都把抢夺人才摆在了关系成败的重要程度上。杰克·韦尔奇说："人才是经营公司的一等任务。在用人方面，怎样对待人才，是管理者领导能力和驾驭能力的高度体现。"中国古代就有许多关于用人之道的论述，其中，用人唯以贤为标准，是不变的用人之策。李嘉诚就是用人唯贤的楷模，他能以敏锐的眼光去发现身边的人才，对他们委以重任。这样做的好处是，李嘉诚赢得了打天下的资本。

杜辉廉是英国人，出身伦敦证券经纪行，是一位证券专家。20 世纪 70 年代，唯高达证券公司来港发展，杜辉廉任驻港代表，与李嘉诚结下不解之缘。

1984 年，万国宝通银行收购唯高达，杜辉廉参与万国宝通国际的证券业务。

杜辉廉被业界称为"李嘉诚的股票经纪"，他是长江实业多次股市收购战的高参，并料理长实及李嘉诚家族的股票买卖。

杜辉廉多次谢绝李嘉诚邀其任董事的好意，是众"客卿"中唯一不支干薪者。但他绝不因为未支干薪，而拒绝参与长实系股权结构、股市集资、股票投资的决策，令重情的李嘉诚总觉得欠他一份厚情。

1988 年底，杜辉廉与他的好友梁伯韬共创百富勤融资公司。

杜梁二人占 35% 股份，其余股份，由李嘉诚邀请包括他在内的 18 路商界巨头参股，如长实系的和黄，中资的中信、越秀，地产建筑"老行尊"鹰君与瑞安，旅业大亨美丽华，胡应湘的合和等。

这些商界巨头，不入局，不参政，旨在助其实力，壮其声威。

有18路商界巨头为后盾，百富勤发展神速，先后收购了广生行与泰盛，百富勤也分拆了一家公司百富勤证券。杜辉廉任这两家公司的主席。到1992年，该集团年盈利已达668亿港元。

在百富勤集团成为商界小巨人后，李嘉诚等主动摊薄自己所持的股份，好让杜梁两人的持股量达到绝对"安全"线。

李嘉诚对百富勤的投资，完全出于非盈利，以报杜辉廉效力之恩。

20世纪90年代，李嘉诚与中资公司的多次合作，多是由百富勤为财务顾问。

身兼两家上市公司主席的杜辉廉，仍忠诚不渝充当李嘉诚的智囊。

李嘉诚得到证券专家杜辉廉的帮助，在股市更是如虎添翼，风生水起，甚至对股市具有强大的左右力量。

李嘉诚最辉煌的战绩在股市，最能显示其超人智慧的载体也是股市。而被称为"李嘉诚股票经纪"的杜辉廉在其中起了不容低估的作用，功不可没。

李嘉诚投桃报李，以恩报恩，又使杜辉廉更始终如一地回报李嘉诚，充当李嘉诚的"客卿"。

李嘉诚善用人才、珍视人才的举动值得每一位创富者

学习。

财商高的人首先会使自己的工作有计划性，然后会先致力于放在首位的工作。而那些别人能做的事就交给别人去做。

既然别人比我做得更好，为什么还要我自己去做呢？

给老虎一座山，让它自由纵横；给猴子一棵树，让它不停地攀登。也许，这就是企业管理用人的最高境界。

要想使众多有才能的人都为你所用，必须善于授权。

授权不但可帮助团队成员成长，而且对授权者本人也大有裨益。授权的时候，要让被授权者成为明星，让大家知道你已经授权给这个人，他可以全权处理任何问题；同时，要强调被授权者的权力，提醒被授权者的职权范围，并使他更有自信心。这也是激发员工潜能的良方。因为有多大的权，就要负多大的责；有什么样的权利，负什么样的责任。

只要你很好、很有计划性地授权给你的下属，他就能充分发挥自己的才能，在为公司创造利润的同时，又同时实现了他自身的价值。

这样，有才能的人才会心甘情愿为你服务，你的财富依赖着这些人才才能水涨船高。

把 "双赢牌" 的
蛋糕做大

　　财商高的人认为，双赢是现代经营者理性的明智选择，现代社会的发展已使人们意识到 "你死我活" 独占欲望的结果是一无所有，得到的只是比以前更坏的境遇。 而双赢则可以改变这种境况：使双方从对抗到合作，从无序到有序，这些都显示出双赢代表着一种合作的精神，一种公正的理念和一种精明睿智。

　　财商高的人认为，双赢理念的目的是为了在人与人以及人与自然的关联中赢得更好的结果。 它不是逃避现实，也不是拒绝竞争，而是以理智的态度求得共同的利益。 因此，双赢的态度是积极的，精神是奋进的，拒绝消极回避、悲观无为的思想，以积极合作的心态追求预期的结果。 一些人认为：双赢的背后就是认输，是不求其上、只求其次的庸人表现。财商高的人则认为，双赢是基于对自身环境的科学分析而做出的明智选择，是积极的判断和果敢的行为。

　　财商高的人认为，双赢作为一种理念，它体现了一种公正的价值判断，不仅表现在对别人利益的尊重，也表现在对自身利益的取舍上。 现代社会是一种共存共荣的社会，自己的生存和发展以牺牲他人的利益为代价的时代已不存在，取而代之的则是必须赢得他人的帮助和合作才能发展和壮大自己。 在这个过程中，只有利益共享才能形成良好的合作，才能取得别人的帮助，使自己成功。 这种利益共享的合作双赢理念正是公正精神的体现，它符合社会发展的规律。

双赢不仅表明它是一种现代理念，同时它也是现代智慧的结晶。 没有对自身条件的分析，没有对周围环境以及未来发展趋势的分析，则不能形成双赢理念；有了这种理念，如果没有科学的方法、明智的行为、超常的胆略，也不能产生双赢的结果。

威尔逊与捷奇相识于 1963 年，当时威尔逊在捷奇叔权的顾问公司里工作。1974 年，威尔逊加入了马里奥特公司，第二年，他便雇用了捷奇。1982 年捷奇转到巴斯公司任职。1984 年，他非常机敏并艺术地处理了巴斯公司用一块土地与迪斯密公司交换 25% 股权的棘手问题。后来，他又干脆为迪斯密公司设计了一整套可行性计划，为此，他花去了整整 6 个月的时间！同年，威尔逊也进入了迪斯密公司，并担任最高财务主管。

他们为迪斯密公司工作，可以说是赚进了万贯财宝：捷奇得到了 5000 万美元，威尔逊则得到了 6500 万美元。1989 年，两人共同出资，再加银行的巨额贷款，买下了西北航空公司。

经过多年的经营，西北航空公司为二人带来了难以计数的好处。

显然，正是因为双赢的理念才使得二人互补互惠、互助成功的。

同样大的一块儿蛋糕，分的人越多，每个人分到口的就越少。由此，我们可能会去争抢食物。但是如果我们是在联手制作蛋糕，那么，蛋糕做得越大，我们就越不会为眼下分到的蛋糕大小而感到不平了。因为我们知道，蛋糕还在不断做大。而且，只要把蛋糕做大了，根本不用发愁能否分到蛋糕。

有肯德基的地方，基本都有麦当劳。他们虽是竞争关系，但是，肯德基却没有发动过什么"战役"把麦当劳给消灭了，相反，他们在互相竞争中促进彼此的进步，共同培育了市场。可口可乐和百事可乐也是如此。他们互相视对方为主要竞争对手，但是却从来不搞恶性竞争，甚至连促销活动往往都有意错开。这就是双赢的最好明证。

"同城相生"的本质，就是一种共存共赢。在现代社会，商业活动是一种创造性的活动，是可以达到共赢的。现代商业社会讲的是在竞争中合作，最后大家一起成长。

所以，你要想成为富人，必须懂得共存共赢这个致富之道。

始终发挥团队
凝聚的力量

　　亿万富翁懂得齐心协力之下目标实现起来更快、更容易。 大家能够看到各自的"盲点"，彼此鼓励，填补各自的空白与弱项。 一个团队取长补短，更容易形成合力。 那些成为亿万富翁的人都懂得，如果想要速度，就需要一支队伍。

　　古时候有个故事说：一个老汉养了 10 个儿子，但儿子们老是互相拆台、不团结，后来老汉想了一个主意，他把儿子们叫过来，每人分一根筷子，比比力气，看谁能折断。 10 个儿子都很轻松地将筷子折断了。 他又每人分了 10 根绑在一起的筷子给儿子，结果谁都折不断。 通过这件事的教育，儿子们开始醒悟，明白父亲的用意了。 众人齐心，其利断金。 只有众人通力合作，才能有力量。

　　成功不是单打独斗出来的，你不可能一个人做完所有的事情。 因此，要想达到目标就需要与人合作。 没有别人的帮助，我们能取得成就的程度就很有限。 要知道，一个人在成功的道路上走得越远，就越会体会到真正重要的不是现金、思想、热情，而是人。 金钱、思想、热情当然重要，但如果没有人的支持，其他的因素显然是不够的。

合作最重要的是找到优秀的合作者。 在多数的情况下，想成功，必须仰赖合作者的帮助。

人们知道大雁通常以"人字形"飞行，这些大雁定时变换领导者，为首的雁在前头开路，能帮助它左右两边的雁造成局部的真空。 科学家曾在"风洞试验"中发现，大雁以"人字形"飞行，比一只雁单独飞行能多飞72％的距离。 人类也是一样，只有跟同伴合作而不是彼此争斗，才能飞得更高、更远，而且更快。

整合你的人际资源，充分利用你的人际资源，你会发现，你的空间正在不经意间扩展。 而这一切，正得益于存在于你身边的人们。

西门子公司，在德国被称为"一个打破一切增长比例和法则的经济巨人"。它拥有30多万名职工。而这些职工分别来自世界诸多国家和地区。这家公司，在125个国家和地区设有办公室、科研实验院、测试台、经理处、学徒车间、生产车间。这个经济"庞然大物"是靠什么培养雇员的亲和力，防止离心倾向和个人主义的呢？

据说，西门子公司是靠两股凝聚力使30多万雇员团结在一起的。一股凝聚力是：企业以最好的产品，最好的服务来对付激烈的市场竞争，确立自己不败的地位。日新月异的技术进步迫使西门子公司不断进行新的巨额投资，公司的"元件"生产部门几乎一夜之间就发生了令人刮目的变化。这种"实力"使雇员一踏入公司就有一种荣誉感，想离开亦舍不得离开。另一种凝聚力是：尽可能使技术进步通过一大批研究集体的共同努力而取得。西门子公司注意制定、协调和集中计划，并提供复杂而昂贵的试验设备，使每个人心中都明白：脱离公司将一事无成，因此，想离开亦无法离开。

在激烈的商品经济竞争中，我们的老板要团结自己的雇员投入竞争，强调企业凝聚力时，也应该在努力改善企业自身形象上下功夫，在发挥集体力量、集体作用方面动脑筋，使个体雇员心往一处想，力往一处使，朝着一个共同的目标努力。

"一根筷子容易折，十根筷子折不断""人心齐，泰山移""团结就是力量"，这些套话经常在我们耳边拂过，几乎成了老生常谈，使人厌烦。但是，企业活力还真离不开雇员的向心力，要真正办好一个企业，老板不能不团结自己的雇员。把众人的力量拧成一股绳，才能克服企业成长、市场竞争中的种种困难，只有培养起雇员的敬业爱岗精神，增强责任感，产生向心力，企业才有光明的前景。

成功学家拿破仑·希尔认为：如果没有他人的协助与合作，任何人都无法取得持久性的成就。当两个或两个以上的人，在任何方面把他们自己联合起来，建立和谐与谅解的关系之后，这一联盟中的每个人将因此倍增他们自己的成就能力。

成功 = 良好的方法 + 科学的勤奋

没有笨死的牛，
只有愚死的汉

天无绝人之路，遇到问题时，只要肯找方法，上天总会给有心人一个解决问题、取得成功的机会。

人们都渴望成功，那么，成功有没有秘诀？其实，成功的一个很重要的秘诀就是寻找解决问题的方法。俗话说："没有笨死的牛，只有愚死的汉。"任何成功者都不是天生的，只要你积极地开动脑筋，寻找方法，终会"守得云开见月明"。

世间没有死胡同，就看你如何寻找方法，寻找出路。

相信很多人都听说过甘布士的故事。

有一年，因为经济危机，不少工厂和商店纷纷倒闭，被迫贱价抛售自己堆积如山的存货，价钱低到1美元可以买到100双袜子。

那时，约翰·甘布士还是一家织制厂的纺织工人。他马上把自己积蓄的钱用于收购低价货物，人们见到他这股傻劲儿，纷纷嘲笑他是个蠢材。

约翰·甘布士却依然我行我素，收购各工厂和商店抛售的货物，并租了很大的货仓来贮货。

他妻子为此十分担忧，劝他不要购入这些别人廉价抛售的东西，因为他们历年积蓄下来的钱数量有限，而且是准备用作子女抚养费的。如果此举血本无归，那么后果便不堪设想。

对于妻子忧心忡忡的劝告，甘布士笑着安慰她道：

"3个月以后，我们就可以靠这些廉价货物发大财了。"

过了10多天后，那些工厂即使贱价抛售也找不到买主了，他们便把所有存货用车运走烧掉，以此稳定市场上的物价。

他妻子看到别人已经在焚烧货物，不由得焦急万分，便抱怨起甘布士。对于妻子的抱怨，甘布士仍不置一词，只是笑着等待。

不久之后，美国政府采取了紧急行动，稳定了市场上的物价，并且大力支持那里的厂商复业。

这时，因为经济危机焚烧的货物过多，存货短缺，物价一天天飞涨。约翰·甘布士马上把自己库存的大量货物抛售出去。

这时，他妻子又劝告他暂时不忙把货物出售，因为物价还在一天一天地飞涨。

他平静地说："是抛售的时候了，再拖延一段时间，就会后悔莫及。"

果然，甘布士的存货刚刚售完，物价便跌了下来。他的妻子对他的远见钦佩不已。

甘布士用这笔赚来的钱，开设了8家百货商店和3家工厂，生意也十分兴隆。

后来，甘布士成了全美举足轻重的商业巨子。

面对问题，成功者总是比别人多想一点，道斯就是这样的人。

道斯是当地颇有名气的水果大王，尤其是他的高原苹果色泽红润，味道甜美，供不应求。有一年，一场突如其来的冰雹把将要采摘的苹果砸开了许多伤口，这无疑是一场毁灭性的灾难。然而面对这样的问题，老王没有坐以待毙，而是积极地寻找解决这一问题的方法，不久，他便打出了这样的一则广告，并将之贴满了大街小巷。

广告上这样写道："亲爱的顾客，你们注意到了吗？在我们的脸上有一道道伤疤，这是上天馈赠给我们高原苹果的吻痕——高原常有冰雹，只有高原苹果才有美丽的吻痕。味美香甜是我们独特的风味，那么请记住我们的正宗商标——伤疤！"

从苹果的角度出发，让苹果说话，这则妙不可言的广告再一次使老王的苹果供不应求。

世上无难事，只怕有心人。面对问题，如果你只是沮丧地待在屋子里，便会有禁锢的感觉，自然找不到解决问题的正确方法。如果将你的心锁打开，开动脑筋，勇敢地走出自己固定思维的枷锁，你将收获很多。

◆ 成功=良好的方法+科学的勤奋 ◆

享利·福特一生做了许多发明。人类的许多发明都是源于让人们更舒适。

亨利·福特

卓越的人往往是会找方法的"懒汉"

他们总是善于寻找省时省力又高效的方法。

做企业要做朝阳行业。站在风口上，猪都会飞起来。

找对努力方向，打开成功之门

上帝只会奖励找对工作方法的人。方向对路，效率就会凸显出来。

亿万富翁懂得借钱生财之道

借船出海，借鸡下蛋，借钱生财。很多亿万富翁最初也是贫穷者，但他们善于借用资源，最终走向富裕。

康拉德·希尔顿

卓越的人往往是
会找方法的"懒汉"

　　世界上卓越的人，往往是会找方法的"懒汉"。他们"懒"，是因为他们总是善于寻找省时省力而又高效的工作方法，发明与创新是他们"偷懒"的结晶。从这个意义上说，"懒"能够催生效率、创新、生产力甚至推进社会进步。

　　爱迪生在担任电报操作员时，发明了一种可以让他在工作时打盹的装置。当亨利·福特还是少年时，就发明了一种不必下车就能关上车门的装置。当他成为闻名于世的汽车制造商时，他仍然钟于"偷懒"的发明。他安装了一条运输带，从而减少了工人取零件的麻烦。他又发现装配线有些低，工人不得不弯腰工作，这对身体健康有极大的危害，所以他坚持把生产线提高了 20 厘米。这项"偷懒"的小发明很大程度上减轻了工人工作量，提高了生产力。

　　那些卓越的人常常在工作时给自己提这个问题："能不能找到一个比这更简单的办法？"能在 1 个小时内办成的事情，为什么要用两个小时？如何在 1 个小时内完成目标，则是他们思考的所在。 在工作中，将忙和效率混为一谈是不全面的，一味地忙未必能有好结果。 詹姆斯·沃森说："如果你想做成一件大事业，那么你有必要降低一些工作量。"

对自己所从事的事业进行思考从而提高效率的人并不少，而在自己做学问的过程中对大众的普通反应提出质疑、进行反思得出结论的人就不多了。 下面的这位韩国学生就是这样一个人。

1965 年，一位韩国学生到剑桥大学主修心理学。在喝下午茶的这段时间，他常到学校的咖啡厅或茶座听一些成功人士聊天。他们是各个领域叱咤风云的人物，这些人幽默风趣，举重若轻，把自己的成功都看得非常自然和顺理成章。时间长了，他发现，在韩国国内时，他被一些成功人士欺骗了。那些人为了让正在创业的人知难而退，普遍把自己的创业艰辛夸大，也就是说，他们在用自己的成功经历吓唬那些还没有取得成功的人。

学心理学的韩国学生将韩国成功人士的心态作为自己的研究课题。1970 年，他把《成功并不像你想象的那么难》作为毕业论文，提交给现代经济心理学的创始人威尔·布雷登教授。布雷登教授读后，大为惊喜，他认为这是个新发现，这种现象虽然在东方甚至在世界各地普遍存在，但此前还没有一个人大胆地提出来并加以研究。惊喜之余，他写信给他的剑桥校友——当时正坐在韩国政坛第 1 把交椅上的人——朴正熙。他在信中说，"我不敢说这部著作对你有多大的帮助，但我敢肯定它比你的任何一个政令都能令人震撼。"

　　这本书的出版轰动了韩国，鼓舞了许多人，因为他们从一个新的角度告诉人们，成功与"劳其筋骨，饿其体肤""三更灯火五更鸡""头悬梁，锥刺股"没有必然的联系。其实，与勤奋相比较，智慧更加重要，只要你在某一领域拥有热情并能不断"偷懒"创新，自然能够成功。后来，这位青年也获得了成功，他成为韩国泛亚汽车公司的总裁。

　　对于卓越的人来说，不甘平庸于每一天，不甘沉浸于某一种状态。 他们成为"懒汉"，不断寻找新方法新规律，找到成功的捷径。 对那些"懒惰"的卓越人士来说，敢于对看似平常，看似平静如水的生活提出自己的思考，是他们的成功秘诀所在。

　　一个善于开启智慧头脑的人，一定是个善于发现机会和勇于开拓的人。 运用智慧的人，比只会埋头苦干，不善思考的人更受欢迎。

　　看了这么多卓越人物的故事，我们自然就会发现那些成功者成功的关键——"偷懒"，用智慧代替埋头苦干。 而这个智慧，在商业活动中，就是财商。

让自己
从"蚂蚁"变成"大象"

　　还在上学的时候，许多人把"书山有路勤为径，学海无涯苦作舟"作为座右铭，悬梁刺股，勤学苦读。但勤奋和刻苦并非取得学业成功的唯一因素。我们常常可以看到这样的现象，有的人学习非常勤奋，他们除了白天学习外，晚上还要熬到深夜，甚至课间的 10 分钟也要用于学习，但成绩平平；同时，你还会发现，另外一些同学学习很轻松，除了上课和自习课外，经常参加文体活动和其他社会活动，在学习上比"一天到晚用功学习"的勤奋学生投入的时间少，学习成绩却很好。这两类学生在学习上一个事倍功半，一个事半功倍，这样的反差是什么原因造成的呢？或许有智力上的因素，但是学习方法的不同同样严重影响学习的效果。

　　工作之后，这样的情况更加突出：有的人工作很认真，每天都忙个不停，但是效率很低，还常常加班加点来完成工作，工作绩效平平；有的人平时很少加班，能用较少的时间来完成工作，绩效相当好。对于前者，或许最初上司会因为你的刻苦努力而欣赏你，但是长期下来，由于工作获得的结果始终不佳，你的努力几乎都是白费。这是一个重视过程但更重视结果的年代，所以，方法比勤奋更重要。这是经过很多人证明了的真理。

或许你现在微小得像只"蚂蚁"，但只要你善于寻找方法，就能不断强大，终有一天会变成"大象"。

美国船王丹尼尔·洛维格正是因为善于寻找方法，从一个默默无闻的穷小子变成一代经济巨鳄。

他第1次跨进银行的大门就因贫穷而被拒绝贷款。

他又来到大通银行，千方百计见到了该银行的总裁。他对总裁说，他把货轮买到后，立即改装成油轮，他已把这艘尚未买下的船租给了一家石油公司。石油公司每月付给他的租金，就用来分期还他要借的这笔贷款。他说他可以把租契交给银行，由银行去跟那家石油公司收租金，这样就等于在分期付款了。

许多银行认为洛维格的想法荒唐可笑，且无信用可言。大通银行的总裁却慧眼识英雄。他想：洛维格一文不名，也许没有什么信用可言，但是那家石油公司的信用却是可靠的。拿着他的租契去石油公司按月收钱，这自然是十分稳妥的。

洛维格终于贷到了第一笔款。他买下了他所要的旧货轮，把它改成油轮，租给了石油公司，然后又利用这艘船做抵押，借了另一笔款，再买了一艘船。

几年之后，他的贷款已还清，他成了这条船的主人。

当洛维格的事业发展到一个时期以后，他仍不满足，于是又构思出了更加绝妙的借贷方式。

他设计一艘油轮或其他用途的船，在还处于图纸阶段时，就找好一位顾主，与他签约，答应在船完工后把船租给他们。然后洛维格拿着船租契约，到银行去贷款造船。

当他的这种贷款"发明"畅通后，他先后租借别人的码头和船坞，继而借银行的钱建造自己的船。他有了自己的造船公司。

凭着这些巧妙的办法，洛维格达到了许多人辛苦努力一辈子都不可能达到的目标，成为亿万富翁。

我们不难发现，成功的人往往就是那些主动寻找方法，依靠方法顺利解决问题的人。同样的问题摆在众人的面前，主动寻找方法、积极解决问题，这就是成功人士与失败者之间的区别。

英国著名的美学家博克说："有了正确的方法，你就能在茫茫的书海中采撷到斑斓多彩的贝壳。否则，就会像盲人一样，在黑暗中摸索一番之后仍然空手而回。"

爱因斯坦曾经提出过一个公式：$W = X + Y + Z$。这里，W 代表成功，X 代表勤奋，Z 代表不浪费时间，少说废话，Y 代表方法。从这个公式我们可以知道，正确的方法是成功的三要素之一，如果只有刻苦努力的精神和脚踏实地的作风，而没有正确的方法，是不能取得成功的。许多时候，仅仅一个方法，就给我们打开了成功之门。

把每一件事情
都当事业来做

　　穷人和富人，就在于两者的心态不一样，穷人对待任何事情可能是抱着做事情的态度，做完就行，其余不管；而富人呢，无论做什么工作、处于什么样的岗位，他都会以做事业的态度认真对待。事情和事业，虽只有一字之差，境界却有天壤之别。

　　1974 年，麦当劳的创始人雷·克罗克，被邀请去奥斯汀为得克萨斯州立大学的工商管理硕士班做讲演。在一场激动人心的讲演之后，学生们问克罗克是否愿意去他们常去的地方一起喝杯啤酒，克罗克高兴地接受了邀请。

　　当这群人都拿到啤酒之后，克罗克问："谁能告诉我我是做什么的？"当时每个人都笑了，大多数 MBA 学生都认为克罗克是在开玩笑。见没人回答他的问题，于是克罗克又问："你们认为我能做什么呢？"学生们又一次笑了，最后一个大胆的学生叫道："克罗克，所有人都知道你是做汉堡包的。"

克罗克哈哈地笑了："我料到你们会这么说。"他停止笑声并很快地说："女士们、先生们，其实我不做汉堡包业务，我真正的生意是房地产。"

接着克罗克花了很长时间来解释他的话。克罗克的远期商业计划中，基本业务将是出售麦当劳的各个分店给各个合伙人，他一向很重视每个分店的地理位置，因为他知道房产和位置将是每个分店获得成功的最重要的因素，而同时，当克罗克实施他的计划时，那些买下分店的人也将付钱从麦当劳集团手中买下分店的地。

麦当劳今天已是世界上最大的房地产商之一了，它拥有的房地产甚至超过了天主教会。今天，麦当劳已经拥有美国以及世界其他地方的一些最值钱的街角和十字路口的黄金地段。

克罗克之所以成功，就在于他的目标是建立自己的事业，而不仅仅是卖几个汉堡包赚钱。克罗克对职业和事业之间的区别很清楚，他的职业总是不变的：是个商人。他卖过牛奶搅拌器，以后又转为卖汉堡包，而他的事业则是积累能产生收入的地产。

英特尔总裁安迪·格鲁夫应邀对加州大学的伯克利分校毕业生发表演讲的时候，曾提出这样一个建议：

"不管你在哪里工作，都别把自己当成员工，应该把公司看作自己开的一样。你的职业生涯除你自己之外，全天下没有人可以掌控，这是你自己的事业。"

从某种意义上来说，做事情的人就是在为钱而工作，而做事业的人却让钱为自己而工作。

　　一位著名的企业家说过这样一段话：我的员工中最可悲也是最可怜的一种人，就是那些只想获得薪水，而其他一无所知的人。

　　同一件事，对于工作等于事业者来说，意味着执着追求、力求完美。而对于工作不等于事业者而言，意味着出于无奈不得已而为之。

　　当今社会，轰轰烈烈干大事、创大业者不乏其人，而能把普通工作当事业来干的人却是凤毛麟角。因为干事创业的人需要有较高的思想觉悟、高度的敬业精神和强烈的工作责任心。

　　工作就是生活，工作就是事业。改造自己、修炼自己，坚守痛苦才能凤凰涅槃。这应当是我们永远持有的人生观和价值观。丢掉了这个，也就丢掉了灵魂；坚守了这个，就会觉得一切都是美丽的，一切都是那么自然。这样一想，工作就会投入，投入就会使人认真。同样，工作就会有激情，而激情将会使人活跃。

　　有一句话说得好："今天的成就是昨天的积累，明天的成功则有赖于今天的努力。"把工作和自己的职业生涯联系起来，对自己未来的事业负责，你会容忍工作中的压力和单调，觉得自己所从事的是一份有价值、有意义的工作，并且从中可以感受到使命感和成就感。

　　做事情也许只是解决燃眉之急的一个短期行为，而做事业则是一个终生的追求。

让金钱
流动起来

流动的金钱
才能创造价值

一位成功的企业家曾对资金做过生动的比喻："资金对于企业如同血液与人体，血液循环欠佳导致人体机理失调，资金运转不灵造成经营不善。如何保持充分的资金并灵活运用，是经营者不能不注意的事。"这话既显示出这位企业家的高财商，又说明了资金运动加速创富的深刻道理。

有的私营公司老板，初涉商场比较顺利地赚到一笔钱，就想打退堂鼓，或把这一收益赶紧投资到家庭建设之中；或把钱存到银行吃利息；或一味地等靠稳妥生意，避免竞争带来的风险，而不想把已赢得的利润又返回投资做生意再去赚钱，更不想投资到带有很大风险性的房地产、股票生意之中。从而造成把本来可以活起来的资金封死了，不能发挥更大的作用。

人的生命在于运动，财富的生命也在于运动。作为金钱可以是静止的，而资金必须是运动的，这是市场经济的一般规律。资金在市场经济的舞台上害怕孤独，不甘寂寞，需要明快的节奏和丰富多彩的生活。 把赚到的钱存在手中，把它静置起来，总不如合理的投资利用更有价值，也更有意义。

犹太人的金钱法则就是：钱是在流动中赚出来的，而不是靠克扣自己攒下来的。 他们崇尚的是"钱生钱"，而不是"人省钱"。 有个犹太商人说："很多人如果把钱流通起来，就会觉得生活上失去了保障。 因此，男人每天为了衣、食、住在外面辛苦工作，女人则每天计算如何尽量克扣生活费存入银行，人的一生就这样过去，这有什么意义呢？ 而且，当存折上的钱越来越多的时候，在心理上觉得相当有保障，这就养成了依赖性而失去了冒险奋斗的精神。 这样，岂不是把有用的钱全部束之高阁，让自己赚钱的机会溜走了吗？"

其实，经营者最初不管赚到多少钱，都应该明白俗话中所讲的"家有资财万贯，不如经商开店""死水怕用勺子舀"这个道理。 生活中人们都有这样的感觉，钱再多也不够花。为什么？ 因为"坐吃山空"。 试想，一个雪球，放在雪地上不动，它永远也不可能变大；相反，如果把它滚起来，就会越来越大。 钱财亦是如此，只有流通起来才能赚取更多的利润。

从经济学的角度看，资金的生命就在于运动。 资金只有在进行商品交换时才产生价值，只有在周转中才产生价值。失去了周转，不仅不可能增值，而且还失去了存在的价值。如果把资金作为资本，合理地加以利用，那就会赚取更多的钱。

因此，奉劝那些储存过多金钱的人：尽管你家有万金，你还是应该继续努力，而不能"坐吃山空"。 从这一古训出发，你可以得到如下启示：既然剩余价值是从货币——商品——货币中流通产生的，那么，为什么不用已有的钱财去投资经商，而把它死存呢？

当然从事经营，风险是时刻存在的。 古人讲："福兮祸所伏，祸兮福所倚。"盈利是与风险并存的。

在金钱的滚动中，在资本的运动中，发挥你的才智，开启你的财商，你就可能成为新的富豪。

◆ 让金钱流动起来 ◆

我10年前用贷款买了两套房子，等房价上涨时卖了又在别处买，现在已经实现财富自由了。

你真有财商。我就是太保守，一直想等降价时再买，错过了机会，现在买不起了。

把未来的钱挪到今天用
财商高的人善于用明天的钱实现财富自由。

一个人在富有中死去是一种耻辱。

安德鲁·卡内基

卡内基退休后致力于慈善事业，捐建了卡内基梅隆大学、卡内基音乐厅、卡内基基金会和2800个图书馆。

致富的过程是自我完善的过程
在追求财富的过程中，努力追求健康人格目标，把创造财富与社会责任结合起来。

沃伦·巴菲特

巴菲特一生节俭，但已分别向不同基金会捐出340亿美元资产。

与社会共享财富
财富给人予荣耀，同时也赋予你更大的社会责任。

致富的过程就是一个
自我完善的过程

　　每个致力于致富的人，都应了解自己的个性特点，扬长避短，在致富过程中不断完善自己的个性。　从对许多杰出人物的研究可以发现，他们的人格因素中不乏极其典型的健康因素，有些甚至超越了他们所处的时代文化与精神，但他们在创造成就和财富中，丝毫没有忽视对自己情感的不断丰富。　严格地讲，他们在创造财富的过程中，都有其努力追求的健康人格目标。

　　鄙视金钱的时代已经过去，人们都渴望尽早致富，于是就有越来越多的人，跻身于富豪之列，多半也都达到了小康水准。　他们的成功表明，致富已不再是少数人拥有的专利，人人都有成功的机遇，只要你把握准确。

　　随着人们的生活水准日渐提高，越来越多的人便想在已有的资金积累的基础上，图谋更大的发展。　但是，首先我们要了解致富的含义是什么呢?

　　致富是一个具有较为完整人格的或具有完善趋向的人，

把自己内心的潜能通过外显行为释放或表现出来的过程。

心理学家马尔兹说，人的潜意识就是一个"服务机制"——一个有目标的"电脑系统"。而你的自我意象，就如电脑程序，直接影响到这一机制动作的结果。如果你的自我意象是一个成功人士，你就会不断地在你内心的"荧光屏"上见到一个意气风发、不断进取、敢于受挫和承受强大压力的自我，听到"我做得好"之类的鼓舞信息，然后感受到喜悦、自尊、快慰与卓越——而你在现实生活中便会"注定"成功。

因此，要想从事创富活动，并全面地完善自己的意识，就必须有一个适当的自我意象伴随着自己；就必须能接受自己，并有健全的自尊心。创富者必须信任自己，必须不断地强化和肯定自我价值，必须随心所欲地有创造性地表现自我，而不是把自我隐藏起来。

"一个人在富有中死去，是一种耻辱。"这是"钢铁大王"卡内基的观点。卡内基于1901年出售产业，得到25亿美元，退休后致力于慈善事业，捐款建立了卡内基音乐厅和遍布全美的2800个图书馆。《卡内基传》的作者曾风趣地说："他致力于捐赠事业的努力程度很可能超过他牟利的努力程度。"

时代·华纳公司的老板泰德·特纳曾做出一项惊人的决定：他要以一年捐资1亿美元的进度，分期10年捐资10亿美元给联合国进行慈善事业。这项慷慨的豪举震撼全球。在一个衣香鬓影的鸡尾酒会上，特纳在宣布他的这一决定时说了这样一句话："我在此提请全球顶尖富豪们注意：你们应当听听我的关于将金钱给予出去的理论……世上没有一件事堪媲美于付出的快乐——有意义的付出。"

卡内基、特纳等的付出，让人肃然起敬，它表明，人在拥有巨额物质财富的同时，仍然可以使自己的心灵富有起来。

具有现代财商的人，非常善于在财富与幸福生活之间画一个这样的等号。

一个人富有的过程其实就是一个自我完善的过程，当你有了赚钱的欲望之后，你就会开动你的脑筋，锻炼你的思维，用心去领悟，发现财富。你就会愈挫愈勇，不断挑战自我，最终战胜一切，赢得金钱。有了金钱，你又要为成为一名真正的财商高的人而努力提高自己的责任心和修养，最终去完善自己的人格，成为一名令人尊敬的人。这大概就是每一位真正的财商高的人能经历的心路历程。只有不断完善自我的人，他的财富才能长久。

用信誉为你的致富之路
保驾护航

在商业史上，许多民族的重信守约都超不过犹太民族。犹太民族在特殊的社会、历史环境中形成的恪守律法的民族特性和现代商业运作信守合约的商业意识，都成为这个民族商业文化中的一块坚厚的历史基石。犹太人看来，契约是不可变动的。

而现代意义上的契约，在商业贸易活动中叫合同，是交易各方在交易过程中，为维护各自利益而签订的在一定时限内必须履行的责任书。合法的合同受法律保护。

犹太人的经商史，可以说是一部有关契约的签订和履行的历史。犹太民族之所以成功的一个原因，就在于他们一旦签订了契约就一定执行，即使有再大的困难与风险也要自己承担。他们相信对方也一定会严格执行契约的规定，因为他们深信：我们的存在，不过是因为我们和上帝签订了存在之约。如果不履行契约，就意味着打破了神与人之间的约定，就会给人带来灾难，因为上帝会惩罚我们。签订契约前可以谈判，可以讨价还价，也可以妥协退让，甚至可以不签约，这些都是我们的权利，但是一旦签订就要承担自己的责任，不折不扣地执行。故此，在犹太人经商活动中，根本就不存在"不履行债务"这一说。如果某人不慎违约，他们将对之深恶痛绝，一定要严格追究责任，毫不客气地要求赔偿损失；对于不履行契约的人，大家都会唾骂他，并与其断绝关系，并最终将其逐出商界。

各国商人与犹太人做交易时，对对方的履约有着最大的信心，而对自己的履约也有最严的要求，哪怕在别的地方有不守合约的习惯。犹太商人的这一素质可谓对整个商业世界影响深远，真正是"无论怎样评价也不过分"。日本东京有个自称"东京银座犹太人"的商人叫藤田田，多次告诫没有守约习惯的同胞，不要对犹太人失信或毁约，否则，将永远失去与犹太人做生意的机会。

曾有这样一个事例，有一个老板和雇工订立了契约，规定雇工为老板工作，每一周发一次工资，但工资不是现金，而是工人从附近的一家商店里购买与工资等价的物品，然后由商店老板结清账目。

过了一周，工人气呼呼地跑到老板跟前说："商店老板说，不给现款就不能拿东西。所以，还是请你付给我现款吧。"

过一会儿，商店老板又跑来结账，说："贵处工人已经取走了东西，请付钱吧。"

老板一听，给弄糊涂了，反复进行调查，但双方各执一词，又谁也拿不出证明对方说谎的凭证。结果，只好由老板花了两份开销。

　　财商高的人经商时首先意识到的是守约本身这一义务，而不是守某项合约的义务。他们普遍重信守约，相互间做生意时经常连合同也不需要，口头的允诺已有足够的约束力，因为他们认为"神听得见"。

　　现代商业世界极为讲究信誉。信誉就是市场，就是企业生存的基础。所以，以信誉招徕顾客也成为许多企业共同使用的招数。但在商业世界中第一个奉行最高商业信誉"不满意可以退货"的大型企业，是美国犹太商人朱丽叶·斯罗森沃尔德的希尔斯·罗巴克百货公司。这项规定是该公司在20世纪初推出的，在当时被称为"闻所未闻"。确实，这已经大大超出一般合约所能规定的义务范围——甚至把允许对方"毁约"都列为己方的无条件的义务！

　　因此，犹太商人在守约上的信誉是极高的。他们对于别人尽力履约也只看作是一种自然现象。他们之所以在守约上有这种特别之处，不仅在于散居世界各地的犹太人比任何一个民族获得了更多经济上的成就和特有的文化，更因为为了生存，犹太人不得不小心地处理好与各大民族的关系，尽力避免与人发生任何的冲突。为此，他们希望和其共处的民族之间能有某种共同遵守的规则，这便是"约"。无论是征服他们的民族，或是与之共处的民族，还是在自己同族之间，律法对他们而言都非常重要。这是犹太民族赖以生存发展的基本保障力量。犹太人完全能够遵守居住国的律法，甚至超过了当地民族本身的自觉性。

在经济贸易中，犹太商人也以守约闻名，在其他商人的眼里，犹太商人是从不偷税漏税的，一切依约行事。他们赚大钱完全是凭着自己的智慧与机智，因为他们具备了这种天赋。获取丰厚利润，对犹太商人而言，更是自主可行的，没有必要去违约赚钱，这是他们民族的一种习惯和美德。犹太商人在法治意识上较其他民族更强。在他们看来，有了信誉就拥有了财富。

信誉对于财商高的人是一笔无形资产，特别是在市场经济日益深化、国际竞争越来越激烈的今天，信誉资源比任何时候都显得宝贵。尤其是对于一个创业者来说，创业的过程是非常艰辛的，如果没有诚信，没有信誉，创业会碰到许多的荆棘。因此在创造财富的道路上，要怀着诚信签约，一步一个脚印地走向成功之道。诚信签约不仅体现在商业中，同时也体现在我们生活的每一处。诚信签约不仅代表着一种商誉，同时也代表着一个人的品德。懂得诚信签约的商人才是最有远见的商人。

财富的大小和社会责任的大小成正比

　　人处于社会之中，必然承载着一定的社会责任。 对于亿万富翁来说，财富虽然为他们带来了各种荣耀，但同时，社会也要求他们有一定的责任，财富的大小和责任的大小成正比。

　　身为亿万富翁的钢铁工业巨头安德鲁·卡内基认为：发财致富的目的在于散财。 当年他一贫如洗时，一位富翁曾对他以友相待，让他自由借阅私人藏书。 卡内基发迹后，便大笔大笔地捐款，兴建世界最大的免费借阅图书馆系统。

　　朱利叶斯·罗森沃尔德将惨淡经营的西尔斯·罗巴克公司从破产的边缘挽救过来，现在已将其发展成零售业巨人。如今，他正负责发展和改进乡村代理人体系及四健会（原美国农业部提出的口号，旨在推进对农村青少年的农牧业、家政等现代科学技术教育）。 他的奋斗目标是实现美国乡村地区的繁荣和教育现代化。

　　富翁们把追求到的财富再反馈到社会之中，让社会共同享有他的财富，这是一种更高的追求。 他们在慷慨的同时，也得到了更高的回报，这一回报并不仅仅体现在金钱上。

他们把财富捐献出来服务于社会，造福于人类，使人们从中看到了他们身上闪耀着美丽的人性光辉。

富翁们的义举是人世间最美好的行为之一，是他们对社会负责的一种表现，当然受到人们的欢迎。精明的理财术与回报社会的行动是他们高尚情操与博大胸怀的写照，二者又是那么的统一和幸福。前者不能决定后者，但可以为后者提供财富上的支持；而后者则体现出一种博大的仁爱之心，为前者寻找到一条释放金钱的途径。

> 亿万富翁沃伦·巴菲特在自己的母校设立了 100 万美元的奖学金，每年奖励几位出勤率高、态度积极、品学兼优的学生，这是他对自己的母校罗斯福中学所做的一份贡献，同时，更重要的是，这项奖学金寄寓着他鼓励那些像他那样的普通学生也能通过自己的努力而成功致富的期望。

> 2006 年，巴菲特决定捐出 99% 的财产。到 2019 年，已经捐出了 340 亿美元，占其所持伯克希尔公司股票的 45%。

财富与良心究竟是什么关系？这个问题老祖宗早就给出了答案："不义之财"是指没有良心的财富；"君子爱财，取之有道"和"仗义疏财"是指有良心的财富和财富的良心。

通常来说，社会对于企业或企业家的要求有三个基本标准：第一，最基本的是法律的要求；第二，最起码的是职业道德的要求；第三，也是最高的要求是企业家的良心。事实说明，对自己的道德要求越高，未来的机会就越多。 德国的阿尔布莱西德家族，从 1949 年发展到现在是德国零售领域里最大的一家企业，它的一个行为准则是永远不提高商品的利润率，即使想尽一切办法降低成本，也会把利润留给客户。 这个家族是德国最富有的家族，也是全世界最富有的十个家族之一。

赚钱不是唯一的目的，也不仅仅是为了自己的富有。 事实上，任何正当的赚钱活动本身，都是一种有益于社会、有益于他人的事业，它们同样是伟大的。

有些人曾为创业者列举了一些具体的社会责任，具体内容十分广泛，大致可以概括为以下几个方面：

对消费者的社会责任。 深入调查并千方百计地满足消费者的需求。 广告要真实，交货要及时，价格要合理，产品使用要方便、安全，产品包装不应引起环境污染；

对供应者的社会责任。 恪守信誉，严格执行合同；

对竞争者的社会责任。 要公平竞争；

对政府、社区的社会责任。 执行国家的法令、法规，照章纳税，保护环境，提供就业机会，支持社区建设；

对所有者的社会责任。 提高投资效率，提高市场占有率，股票升值；

对员工的社会责任。 提供员工公平的就业、上岗、报酬、调动、晋升机会以及安全、卫生的工作条件，丰富的文化、娱乐活动，全员管理、教育、培训、利润分享；

在解决社会问题方面的责任。 典型的做法有：救济无家可归人员，安置残疾人就业，资助失学儿童重返学校。

与社会
共享财富

如果你研究过财商高的人的创富过程，你会发现他们总是在和别人分享财富。

这些人对于他们的成功有着深深的感激，非常了解他们的责任。值得注意的是，并不是说所有有钱人应该负责处理他们的钱，而是说所有幸福的有钱人，应该以负责的态度处理他们的钱。

有权利及有本事赚很多钱的人，也有义务关心那些收入较少的人。钢铁巨头卡内基有句话刚好切中要点："多余的财富是上天赐予的礼物，它的拥有者有义务终其一生将它运用在社会公益事业上。"

当一个人的资本达到了一定数量时，从某种意义上说，这个资本已不仅仅属于他个人，更属于整个社会。

随着社会的不断发展，人们对生活水平的要求不断提高。现实生活中，我们每个人都承认，金钱不是万能的，但没有金钱却又是万万不行的。在现代社会中，金钱是交换的手段。 金钱可用于干坏事，也可以用于干好事。 说到这里不能不提到下列这些人：亨利·福特、威廉·里格莱、约翰·洛克菲勒、安德鲁·卡内基、沃伦·巴菲特、比尔·盖茨、邵逸夫、曹德旺。

这些人之所以伟大，是因为他们能同别人分享他所拥有的金钱，同时也就与社会分享了他的财富。

在20世纪之初，许多曾使美国工业蓬勃发展的大人物开始陆续离开人世，他们的庞大家产将落在谁的手中，不少人都极为关心。人们自然也以极大的热情关注着小洛克菲勒。

此时，在老洛克菲勒晚年最信任的朋友和牧师的建议下，老洛克菲勒已先后分散了上亿巨款，分别捐给学校、医院、研究所等，并建立起庞大的慈善机构。

这就给小洛克菲勒提供了一个机会，他也牢牢地把握住了这一机会。

1901年，小洛克菲勒应慈善事业家罗伯特·奥格登之邀，和50名知名人士一起乘火车考察南方黑人学校，回来后写了几封信给父亲，建议创办普通教育委员会。老洛克菲勒在接信后，就给了1000万美元，一年半以后，继续捐赠了3200万美元。在往后的10年里，捐赠额不断增加。

在洛克菲勒的慈善机构中，小洛克菲勒最关注并最有情感的是社会卫生局。

1911年，他建立了社会卫生局，投资50多万美元。

小洛克菲勒最大的一项义举是捐出 5260 万美元恢复和重建了整整一个殖民期的城市——弗吉尼亚州殖民时期的首府威廉斯堡。那里的开拓者们曾经最早喊出"不自由，毋宁死"的口号。

小洛克菲勒说："给予是健康生活的奥秘……金钱可以用来做坏事，也可以是建设社会生活的一项工具。"

"逸夫教学楼"简称"逸夫楼"，是邵逸夫先生捐款建造的建筑物。从 1985 年开始，邵先生开始在中国捐资办学，捐建的"逸夫楼"共 6013 个，遍布大江南北的大学、中小学、科技馆、医院。捐款额共 47.5 亿港元。

邵逸夫先生 2014 年去世的时候，大批中国人怀着无限敬意悼念他。

"如果把逸夫楼的台阶连起来，足以让邵先生步入天堂。"这是国人对邵先生最真诚的评价。

拥有无数的钱是你的资本，然而，你可以做出更加伟大的决定——与社会共享你的财富。这样，你的人生更有意义。